国家自然科学基金项目(U24B2041,52374087)资助
河南省优秀青年基金项目(252300421202)资助
河南省高等学校青年骨干教师培养计划(2023GGJS057)资助
深地工程智能建造与健康运维全国重点实验室开放基金项目(SDGZK2410)资助
河南理工大学杰出青年基金项目(J2024-1)资助
河南理工大学安全学科“双一流”高层次人才培育项目(AQ20250204)资助

采动影响下陷落柱渗流演化规律试验研究

张勃阳　尹家宽　刘洪洋
田永超　林志斌　李　强　著

中国矿业大学出版社
·徐州·

内容简介

本书针对我国华北特有地质构造——陷落柱开展研究。通过室内试验、理论分析和数值模拟等方法，探究了陷落柱渗流特性，建立了考虑孔隙水压和应力场影响陷落柱渗流突变模型，分析了含水层水压和底板厚度对隐伏陷落柱渗流突变的影响，揭示了采动影响下陷落柱渗流演化机理，阐明了陷落柱水害突发性和滞后性发生机制，旨在为陷落柱水害防治提供科学依据和技术支持。

本书可供矿业、地质及相关从业人员参考。

图书在版编目(CIP)数据

采动影响下陷落柱渗流演化规律试验研究 / 张勃阳等著. —徐州：中国矿业大学出版社，2025. 5.
ISBN 978-7-5646-6681-1

Ⅰ. TD745

中国国家版本馆 CIP 数据核字第 20259NN323 号

书　　名　采动影响下陷落柱渗流演化规律试验研究
著　　者　张勃阳　尹家宽　刘洪洋
　　　　　　田永超　林志斌　李　强
责任编辑　陈　慧
出版发行　中国矿业大学出版社有限责任公司
　　　　　　（江苏省徐州市解放南路　邮编 221008）
营销热线　(0516)83885370　83884103
出版服务　(0516)83995789　83884920
网　　址　http://www.cumtp.com　**E-mail**:cumtpvip@cumtp.com
印　　刷　徐州中矿大印发科技有限公司
开　　本　787 mm×1092 mm　1/16　**印张** 10　**字数** 164 千字
版次印次　2025 年 5 月第 1 版　2025 年 5 月第 1 次印刷
定　　价　42.00 元
（图书出现印装质量问题，本社负责调换）

前　言

华北地区一直是我国重要的煤炭基地，华北煤田受岩溶强含水层威胁，矿井奥灰水害日趋严重。陷落柱作为我国华北地区的一种特殊地质构造，多发育于奥陶系石灰岩，易成为垂向导水通道而建立煤层底板和奥灰水的水力联系引发大型突水事故。同时，陷落柱突水具有隐蔽性、滞后性和突发性等特点，难以进行预测和防范，因此研究采动影响下陷落柱的渗流演化规律及突水机理具有十分重要的意义。

本书以陷落柱为研究对象，采用理论分析、室内试验和数值模拟相结合的方法，对固结和采动状态的陷落柱填隙物及底板隐伏陷落柱的渗流特性开展了一系列的研究，主要研究内容如下：

(1) 通过土工试验固结方法制备了陷落柱填隙物样品并测试了其固结状态的渗流特性。陷落柱填隙物固结状态下全应力-应变过程中渗透率呈现出减小—增大—减小的变化规律，陷落柱填隙物的初始渗透率随着固结压力的增大和初始含水率的减小而减小，渗透率峰值与围压存在指数函数关系。

(2) 通过陷落柱采动状态的渗透性试验研究了陷落柱突水的突发性和滞后性。通过陷落柱采动状态下的渗透性测试分析了渗流边界和有侧限轴压对渗透率、启动压力梯度和颗粒流失质量的影响规律，提出大颗粒流失导致骨架结构失稳是发生渗流突变现象的根本原因，并基于非达西流推导讨论了非达西流 β 因子的意义。基于采动影响下应力场的变化规律，提出陷落柱突水的滞后性是由于采动影响下破碎岩体的压实作用、二次破坏造成的渗透率减小和颗粒运移形成的渗流衰减等因素共同引起的。

（3）自行研制并应用了陷落柱渗流模型的物理试验系统和材料。配制了可进行渗透性调节的流固耦合试验相似材料，自行设计研制了陷落柱渗流模型的物理试验系统，为揭示采动影响下陷落柱渗流演化机理提供了新的试验材料、试验设备及相关方法。并通过该系统对不同渗透性的底板隐伏陷落柱模型进行了渗透性测试，获得了孔隙水压随水压力的变化规律：孔隙水压力随着扩散距离的增大而逐渐减小，且均服从双曲线衰减规律。

（4）在考虑孔隙水压和应力场对岩体渗透率影响规律的基础上，建立了陷落柱渗流突变模型。基于有限差分法数值计算软件，对比模型试验结果确定了陷落柱渗流突变模型的计算参数，通过该数值模型研究了陷落柱的渗流突变过程中孔隙水压与时间、扩散距离、采动影响的关系，揭示了采动影响下底板隐伏陷落柱的突水机理。

在本书出版之际，我要感谢我的导师白海波研究员，他的指导是本书能够顺利完成的关键，他的深刻见解和无私支持对我影响深远。特别感谢张凯副研究员在本书思路确定、室内试验研究等过程中的细心指导。此外，我要感谢所有参与调查和提供数据的个人和机构，没有你们的参与，本书的研究将无法取得如此丰富的实证材料。

本书旨在为研究采动影响下陷落柱的渗流演化规律的学者和从业者提供一个全新的视角，希望它能够激发更多的讨论和研究，共同推动陷落柱水害防治研究的发展。

尽管已经尽力确保本书内容的准确性和完整性，但难免存在疏漏和不足之处，敬请读者批评指正。

张勃阳

2024 年 11 月

目 录

1 绪 论

1.1 问题的提出及研究意义

我国是以煤炭为主要能源的国家，煤炭占全国能源生产的76%和能源消费的68.9%[1-3]。水害与瓦斯、火、粉尘及动力地质灾害合称矿山五大灾害，在过去的20多年里，有250多个矿井被水淹没，经济损失高达350多亿元人民币，造成的直接经济损失列煤矿各类事故之首[4]，人员伤亡排在第二位。

岩溶陷落柱是广泛分布于我国华北地区石炭二叠系煤田的一种特殊隐伏垂向构造[5]，其内部结构多且由杂乱无章的煤系地层破碎岩体组成。在采动影响下，陷落柱易成为主要充水含水层奥陶系石灰岩和煤层底板间的垂向导水通道，其诱发的突水具有滞后性和突发性，是人员伤亡和经济损失最严重的水害类型之一[6]。而底板隐伏陷落柱由于埋深较大、探查难度高，更是给矿井水害的防治工作带来了极大的困难[7]。

煤矿突水中由于地质构造，如断层、陷落柱引起的突水占到了80%。岩溶陷落柱是我国华北地区石炭二叠系煤田的重大安全隐患。徐州张集煤矿、开滦范各庄煤矿、乌海骆驼山煤矿等陷落柱突水事故，从工作面或巷道揭露陷落柱到最终发生突水经历了1～3个月的滞后期，然而从涌水量明显增大至达到最大涌水量仅历经10～24 h，最大涌水量均超过了 10 000 m^3/h(表 1-1)。

表 1-1　我国煤矿部分陷落柱突水统计表

序号	矿区	突水时间	最大涌水量/(m^3/min)	损失程度
1	开滦矿区范各庄矿	1984-06-02	2 053	淹井
2	肥城矿区郭家庄矿	1993-01-05	549	淹井
3	皖北矿区任楼矿	1996-03-04	576	淹井
4	徐州矿区张集矿	1997-02-18	402	淹井
5	邢台矿区东庞矿	2003-04-12	1 167	淹井
6	神华集团骆驼山矿	2010-03-01	1 200	淹井
7	淮北集团桃园矿	2013-02-03	167	淹井
8	峰峰集团梧桐庄矿	2014-07-25	187	淹井
9	淮南集团潘二煤矿	2017-05-25	242	淹巷道
10	济宁集团霄云煤矿	2018-09-10	61	淹井

极具水害威胁的陷落柱内部破碎岩体与填隙物间通常处于固结状态，在煤层采动和地下水运移的共同影响下，填隙物逐渐在破碎岩体间由陷落柱底部向顶部迁移，柱体内部的渗透率、孔隙度逐渐发生变化，奥陶系富水含水层水压逐渐向上传导，最终导致陷落柱水害的发生。因此，研究采动影响下底板陷落柱的渗流演化规律是揭示突水机理的关键。

1.2　国内外研究现状

1.2.1　陷落柱的形成及赋存状态研究现状

岩溶陷落柱广泛分布于我国华北地区，一方面由于陷落柱的存在而影响矿井的正常生产和煤炭产量，另一方面部分胶结不良的陷落柱在采动影响下可能成为煤矿的重要安全隐患。目前，采矿界、地质界对于岩溶陷落柱的形成机理均无定论，众多学者所提出的理论均不能适用于全部地区。但目前普遍认为，在漫长的时间和复杂的地质力学作用下形成的岩溶洞穴是陷落柱形成的必要条件，上覆岩层断裂并垮落至岩溶洞穴中最终形成陷落柱，在上覆荷载和时间的作用下，其内部物质从破碎松散的岩块逐渐发生固结-胶结作用再次成岩[8]。

陷落柱形成的基本条件为[9]：① 有可溶性岩层；② 具有良好的地下水通道；③ 有丰富饱和的侵蚀水质；④ 有地下水排泄口。对于陷落柱的形成机理，众多学者提出了大量理论，主要可以归为以下五类：① 许进鹏等[10]运用弹性力学理论、岩石力学理论、断裂力学理论及极限平衡原理，研究了陷落柱形成的基础、形成过程，得出了陷落柱形成的判据。② 宋晓梅等[11]提出重力塌陷说，认为煤系形成之后，奥陶系灰岩岩溶洞穴主要以流入型及含水层型岩溶洞穴为主，其发育与构造形迹与地下水流动密切相关。岩溶洞穴有较好的连通性，它是陷落柱形成的前提。③ 钱学博[12]提出石膏溶蚀说，认为在地下深处，中奥陶系石灰岩中赋存有很厚的硬石膏，石膏体不断被地下水溶蚀，上覆岩层塌陷填充形成了陷落柱。④ 侯恩科等[13]提出真空吸附说，认为地下水位的下降造成奥陶系岩溶腔内变为近似真空，强有力地抽吸着岩溶盖层向下垮落，形成陷落柱。⑤ 陈尚平[14]提出热液成因说，认为火成岩体和热液的侵入造成的高温高压的热水可大幅提高碳酸钙的溶解度，形成岩溶洞穴，最终形成陷落柱。

陷落柱的平面形态有椭圆形、似圆形、肾形、长条形和不规则形等，以椭圆形和似圆形居多，最大横截面积可以达到 10 万 m^2，最大的长轴可以超过 1 000 m[15]，短轴可以小于 10 m[16]。陷落柱的剖面形状变化不一，在松散层中，剖面形状为上大下小的 V 字形；在坚硬岩层中，剖面形状为下大上小的倒 V 字形；在软硬相间的岩层中，剖面形状多为不规则形[17]。赵建军等[18]通过温克尔地基上的悬臂梁挠度对陷落柱的垮落进行计算，并利用 UDEC 数值模拟软件建立数值模拟计算模型，与实际陷落柱的形态进行对比，细致描述了上覆岩层的垮落过程和陷落柱形态的地质力学成因。

据不完全统计，我国华北石炭二叠系煤田目前发现陷落柱上万个[19]，其中多集中分布于山西汾河沿岸的山西太原、阳泉、汾西和霍县 4 个矿区，以及太行山东麓的河北井陉和峰峰两个矿区，山西长治和晋城矿区也有大量陷落柱分布，但总体来说陷落柱分布存在区域性差异[20]。陷落柱多形成于井田浅部，这是因为奥陶系石灰岩顶部的岩溶在侵蚀基准面上下百米范围内最为发育，岩溶地下水补给排泄条件较好，易形成岩溶陷落柱。在岩溶地下水的强径流带上、向斜的盆地处、大断裂构造的周边都易形成岩溶陷落柱，这些地方应作为岩溶地下水害防治的重点区域。

总的来说，目前对陷落柱的形成原因基本达成了统一的认识：陷落柱是在地下岩溶洞穴的基础上，覆岩在重力和构造应力的作用下垮落而形成的。但对陷落柱岩溶洞穴形成过程尚存在争议。

1.2.2 陷落柱填隙物的渗流规律研究现状

陷落柱组成成分和结构的复杂性导致目前对其突水过程仍不能很好地预测和控制。陷落柱柱体内的渗流是由骨架结构和骨架内填隙物共同决定的，具有突水隐患的陷落柱多处于固结状态，骨架结构中的空隙被填隙物充填，此时填隙物的压密程度、富水情况是决定陷落柱渗流特性的关键因素[21]。同时由于破碎岩体间填隙物的充填作用，以及复杂的物理、力学和化学作用下产生的固结和胶结变化，绝大多数陷落柱为不导水陷落柱，采动影响下填隙物的渗流特性直接影响着陷落柱的渗流特性[22]。陷落柱突水是十分复杂的演化过程，主要表现为从稳定渗流到渗流失稳，在此过程中，填隙物逐渐流失，最终导致陷落柱整体结构渗透性的提高，发生渗流突变。因此，研究全应力-应变过程中填隙物的渗流特性有利于更加深入地解释陷落柱的渗流和导通规律。

对于固结良好的陷落柱，填隙物的渗透性直接影响着陷落柱的整体渗透性。但在打钻或采动影响下，陷落柱的结构易受到扰动而变得松散，因而现场获取陷落柱填隙物样品比较困难。部分学者借助土工试验中的固结试验方法对取样、钻样困难的岩体进行固结重塑，在此基础上测试其物理、力学、渗流特性。孟庆彬[23]对广泛分布在我国西部矿区的侏罗系、白垩系地层中的极弱胶结岩体进行重塑，并测试其在不同应力状态与含水率条件下的应力-应变曲线特性，研究了岩体强度与扩容参数随等效塑性应变及含水率变化的演化规律。周葆春等[24]通过固结试验方法，重塑了石灰改良土，并开展了单轴、侧限、三轴压缩应力状态下的力学试验，讨论了石灰改良土的变形特性与破坏机制。李元海等[25]通过固结方法制备透明岩体，并利用高精度数字散斑量测方法对岩体在产生裂隙前后的变形特性进行研究。

通过岩石取芯或制备试样并进行不同应力状态下的室内渗透试验，从而来反映其渗透性能，是近年来研究岩体渗流特性的重要途径。目前，标准岩石样品的渗流特性测试主要可以分为静态法和瞬态法，对于砂岩、破碎岩体等易于测量流速的渗透性试验宜采用静态法，而对于泥岩、灰岩等难以测量流速的渗透性试验宜采用瞬态法。目前，众多学者已经完成了各种岩性的渗透特性测试：

李世平等[26]于 1995 年最早采用 MTS815.02 型电液伺服岩石力学试验系统对殷庄砂岩进行全应力-应变过程的渗透率变化试验，证实了岩石的渗透系数或渗透率在全应力-应变过程中是应力-应变的函数。

姜振泉等[27]通过对硬岩和软岩进行不同压力条件下的全应力-应变渗透性试验对比，发现软岩和硬岩在渗透性-应变关系和渗透性量值上均表现出明显差异，岩石变形破坏过程的渗透性主要取决于变形破坏的形式和特点。刘再斌等[28]进行了细砂岩、中砂岩、粗砂岩和灰岩在不同围压、不同水压条件下的三轴压缩试验，获得了岩石强度的围压效应、水压效应及耦合效应拟合方程，而岩石的残余强度随水压增大而逐渐减小。孙亚楠等[29]利用破碎岩石变形-渗流试验系统进行了破碎砂岩的压缩变形试验，分析了粒径、级配组合、饱水状态、加载方式 4 种因素变化对破碎砂岩变形特性的影响。刘先珊等[30]研究了不同荷载组合诱发砂岩内部裂纹扩展导致渗流通道不断演化的机理，提出了基于渗流-应力-损伤耦合效应的岩样渐裂分析方法，建立了损伤与环向裂纹应变的表征关系，推导了渗透率与损伤变量的关联曲线，进一步揭示了荷载诱发岩样渐裂过程的渗透率演化机理，为储层采收率评价及开发方案的制订提供理论依据。

朱珍德等[31]、邢福东等[32]对锦屏二级水电站引水隧洞脆性大理岩进行了高围压、高水压下全应力-应变三轴压缩试验，认为水压力的存在加速了岩石的破裂，增加了材料的脆性，从而降低了岩石的强度，但水压力对强度的降低程度随围压的增大而有所减小，同时对软化区裂纹的扩展、贯通起到加剧作用。陈振振等[33]通过对低渗透大理岩试样进行全应力应变过程渗流试验，得到了岩石渗透系数变化与体积应变的相关性规律。许江等[34]进行了恒定围压下不同孔隙水压力作用的三轴压缩试验，结果表明，有效峰值破坏强度随孔隙水压力的增大呈逐渐减小的趋势。

俞缙等[35]利用稳态法在不同围压和渗透压条件下对砂岩全应力-应变过程进行渗透率试验，研究发现：围压较高时，若形成局部压缩带，则试样进入弹塑性阶段后，渗透率的变化趋势由岩石微裂隙的萌生、扩展与岩石骨架颗粒压碎这两个主要因素共同决定，但这两个因素对岩石渗透率的影响不相同，其中岩石微裂隙的萌生、扩展对渗透率增大起积极作用，而岩石骨架颗粒压碎形成的压缩带对渗透率增大起抑制作用。

综上所述，对于陷落柱，其填隙物的渗流特性是其渗流演化规律的重要影响因素。因此，通过土工试验方法制备试验样品，并采用瞬态法测试其全应力-应变过程中的渗流特性具有十分重要的意义。

1.2.3 破裂岩体的渗流规律研究现状

1.2.3.1 破裂岩体的渗流试验方面

1960 年起国外开始开展关于裂隙岩体渗流场与应力场耦合问题的研究。20 世纪 70 年代法国学者 Louis 等[36-38]通过对试验资料解析，总结出渗透系数与正应力的经验公式，之后 Zhu 等[39]发现当应力增加导致岩石破裂膨胀时将引起渗透性的提高，应力增加导致岩石压缩变形或峰值后的破裂带重新压缩则将引起渗透性的降低，从而从岩体裂隙压缩或剪切变形分析出发，建立了应力与渗流之间的关系。1989 年，Nolte 等[40]使用裂隙压缩量有关的指数公式表达裂隙渗流与应力之间的关系。随后 Noorishad 等[41-42]表述岩体渗流应考虑应力场的影响，他们为了分析渗流与应力的关系，以比奥(Biot)固结理论[43-46]为基础，将多孔弹性介质的本构方程应用到裂隙介质的非线性本构关系中。

Brace 等[47-48]于 1968 年首次将孔隙岩石所受应力状态引入岩体渗透率的研究中，并率先开展了花岗岩在受轴向压力以及孔隙压力共同作用下渗透率变化规律的研究。其研究结果表明：对于裂隙岩体，轴向压力越大，岩体孔隙度越低，但是孔隙压力对渗透率的影响则明显不遵循这个规律。同一时期，英国的 Patsouls 等[49]通过试验研究也得出了这个结论。

此外，Kranz 等[50]和 Walsh[51]也进行了大量细致的研究工作，其中 Walsh 的研究表明：渗透率立方根与作用在岩体上的有效应力呈某种比例关系。Mordecai 等[52]在 Darley Dale 砂岩的断裂试验中测得渗透率增加了 20%。Peach 等[53]、Stormont 等[54]对岩盐的试验也得到类似的结论。

国内对裂隙岩体损伤渗流耦合的研究从 20 世纪 80 年代起步，张友天、陶振宇、刘继山、常晓林和王恩志等许多研究者做过此方面的工作，并取得了一定的成果。但是裂隙岩体渗流场与损伤场耦合问题的研究国外鲜有文献报道，国内也才刚刚起步。

国内关于流固耦合的研究主要集中在讨论裂隙法向应力与渗透率的关系上。杨延毅[55]在研究渗流场与应力场耦合的基础上提出了裂隙岩体的渗流损伤耦合分析模型。王媛等[56]认为：裂隙张开程度与应力呈负指数关系。仵彦卿[57]通过渗透率与应力关系的试验发现：渗透率与有效应力存在幂指数关系。此外，还有很多学者通过大量试验和理论研究建立了裂隙张开宽度与裂隙所受应力之间的应力应变关系[58-59]。

田开铭[60]将岩体所处深度加入岩体本构关系中，通过测得的渗透率与法向力的结果回归分析后，得出岩体各向渗透率随深度增加而减少的结论，其中垂向渗透率受深度影响更直接，随深度增加岩体垂向渗透率的减小速度远大于水平方向渗透率的减小速度。

张玉卓等[61]通过大尺寸的裂隙岩体试块进行不同的侧压力和加载条件下的裂隙渗流试验，分析了裂隙岩体中渗流场和应力场的耦合规律。沈洪俊等[62]运用天然大理石来进行应力渗流耦合试验，通过大理石板人工构成裂隙模型，研究了大理石裂隙岩体在渗流场和应力场两场作用下的变化规律和性状，重点研究了其渗流基本规律。并且在模型试验基础上，运用有限元软件进行了数值模拟分析，并将两者的结果进行了对比。段小宁等[63]经过试验发现岩体中的渗透压力、裂隙开度和岩体变形受动水压力的影响明显，并影响到岩体的稳定性。李成江[64]通过试验研究了非饱和围岩，发现水分的运动决定着含水量的分布，即自由膨胀应变与含水量呈线性关系，因而确定了各岩体参数在本构关系模型中的取值。马丹等[65]开展了多种岩性破碎岩体的渗流特性测试，分析了非达西流 β 因子、颗粒流失对渗流突变的影响规律，找出了适用于破碎岩体渗透率-孔隙度的表达形式。吴疆宇等[66]开展了允许颗粒流失和不允许颗粒流失的对比试验，分析了不同条件下破碎岩体的渗流突变规律。张天军等[67]开展了三向应力状态下的破碎砂岩渗流试验，认为破碎砂岩的孔压梯度与渗流速度服从非线性渗流定律。李文亮等[68]开展了破碎花岗岩的渗流试验，指出惯性效应、渗透失稳和固液界面效应是破碎花岗岩非线性渗流 3 种可能的成因机制。从裂隙损伤力学的角度，周维桓[69]阐述了在裂隙损伤的断裂扩展过程中渗流的渗透张量方程。

1.2.3.2 *破裂岩体的渗流理论方面*

国内外许多学者对节理岩体的破坏过程进行了理论方面的分析，运用损伤力学和断裂力学方法来研究裂隙的演化及对材料和岩体的弱化，并建立了相应的本构关系和强度准则。在国内，杨延毅等[70]基于 Krajcinovic 等[71]的思想，即按照宏观损伤力学效应表现为损伤体柔度变化的思想，从自恰理论和即时模量概念推导了岩体的等效柔度张量。徐靖南等[72]从功的互等定理出发，推导了多裂隙岩体的本构关系，并由此建立了多裂隙岩体的损伤演化方程和强度准则。刘东燕等[73]以断裂力学理论为基础，研究断续节理岩体中压剪应力条件下裂纹扩展的随机性，建立了压剪应力条件下裂纹的断裂力学概率模型，并讨论了与裂纹几何、力学各参数对节理岩体的失效概率的影响。黎立云等[74-77]以裂纹尖端应力场和应变场的极值分布为分析对象，初步研究了多裂纹的贯通机制。周小平等[78]通过 Dugdale-Barenblatt 模型[79]揭示了多节理贯通规律，即裂纹间的贯通主要受外部荷载、节理间的相互影响两种因素的共同作用。周家文等[80]通过分析压剪复合型裂纹尖端的应力场，基于最小应变能密度因子准则得到了压剪裂纹的起裂角，进而把岩石的压剪裂纹问题与岩石的破坏准则联系起来，利用岩土材料中广泛应用的莫尔-库仑准则和德鲁克-普拉格准则，建立两个相应的岩石压剪断裂判据。

张飞等[81]根据包含多组贯通性节理的岩体组合破坏的模式和莫尔-库仑强度理论，推导了随机分布的非贯通性节理岩体强度公式。刘元高等[82]采用多重势面弹塑性分岔理论对裂隙岩体的局部化破坏进行计算模拟。秦娟等[83]通过对节理岩体的“代表单元集合体”进行数值模拟，建立了节理岩体的弹性模型，提出了预测节理岩体宏观等效弹性参数的计算机模拟方法。牛斌等[84]将斜交节理岩体作为一种广义复合材料，选取恰当的代表元，建立复合等效本构关系，来预测斜交节理岩体的宏观力学性能。

目前针对岩石断裂理论的分析研究，许多学者是把线弹性断裂力学理论直接应用于岩石断裂力学中，由裂纹前缘的应力场、位移场，根据断裂强度因子判断裂纹开裂及扩展方向，从而揭示岩体的破坏机制。因此，裂纹尖端应力强度因子分析是首先需要解决的问题。由于裂纹空间分布的复杂性及数学上的困难，一般将其简化为二维裂纹来研究[85]。Li 等[86]采用伪张力法估算了无限大平板中多裂纹的相互作用，但该方法不能分析近距离放置的裂纹。基于应力叠加原理，Kachanov 等[87-89]提出了一种计算多裂纹相互作用下应力强度因子的简单方法，并进一步用来估算多裂纹体等效弹性参数及分析裂纹体的应力、应变场。李银平等[90]和 Qing 等[91]对 Kachanov 的方法提出了改进，提高了计算精度。Basista 等[92]和李银平等[93]将该方法推广到压缩荷载下准脆性物体中多个压剪裂纹相互作用的问题。关于岩体中裂纹贯通破坏的问题，Poston 等[94]利用格里菲思(Griffith)能量准则，分析了类似于岩体的脆性材料在压剪断裂过程中裂纹扩展方向与原生裂纹走向之间的关系。Lajtai[95]分析认为裂纹在受到压剪应力作用时，不仅存在拉应力集中，而且存在压应力集中现象，并产生垂直于受力方向的剪切裂纹，并基于此建立了应力梯度模型，发展了新的压剪断裂强度理论。Wong 等[96-98]通过计算机编程，对类岩材料多裂纹的贯通和岩石的破坏进行了系统的数值研究。近年来，随着计算机性能的不断提高，数值模拟试验方法的大量应用给岩体多裂纹间的相互作用研究注入了新的活力，用数值方法研究岩石破坏机制方面的文献也大量涌现[99-107]。

在对裂纹扩展和岩石破坏的室内试验和数值计算研究的基础上，大量学者对破裂岩体的渗流规律进行研究。

Robin[108]指出有效应力 p_w 与围压 p_a 和孔隙压力 p_p 相关：

$$p_w = p_a - a p_p \tag{1-1}$$

大部分文献表明 a 取为 1.0，而 Walsh[109]得出 a 不是等于 1.0，而是等于 0.9；对于抛光的节理表面而言，Kranzz 等[110]计算的张开节理 $a=$

0.56。Gowd 等[111]和 Witherspoon 等[112]分别于 1977 年与 1979 年分析了液体注水对多孔岩石断裂特征的影响。Skempton 等[113]和 Hubbert 等[114]分析了水对裂隙和非裂隙砂岩应力释放的影响，提出水对岩体的作用还表现在对岩体损伤力学特征的影响上。Fehsenfeld 等[116]和 Piggott 等[116]于 1990 年研究了弹性介质中高温流体渗流驱动裂纹扩展的理论与分析方法。

张有天等[117]采用固定网格法在求解自由面渗流场时取得成功，并且他们认为通过分析应力在渗流荷载下的情况，确定岩体稳定性等级和设计采取加固方法是渗流分析的重要目的。殷有泉等[118-119]研究了均匀介质围岩系统稳定且含有渗透作用的破碎带的尖角突变模型。

基于破碎岩体的试验研究成果，人们对其渗流进行了大量的理论分析和数值计算。Li 等[120-121]综述了堆石材料中非达西渗流的不同研究成果，基于管流理论以及 Taylor（泰勒）的堆石材料平均水利半径的定义，理论上得到了摩擦系数与雷诺数、水力梯度与散体渗流速度之间的关系，并通过普朗特(Prandtl)混合长度紊流理论[122]得到了堆石体非达西渗流的理论解并与试验数据进行了对比。Martins[123]、Markevich 等[124]和 Leps[125]计算了堆石结构在雷诺数大于 300 时的紊流平均流速，研究并总结了颗粒尺寸、级配、渗流截面对堆石渗流的影响，评价了渗流时的稳定性。Hansen 等[126]应用一维非达西渗流方程分析了堆石坝的二维渗流。Izbash 等[127]研究了不同渗流条件下的水渗流特性以及低堆石坡的渗流阻力。Nakagawa 等[128]开发了一个在堆石坝建筑、蓄水期间预测心墙内孔隙压力行为的实用程序，其基本方程中考虑了堆石骨架与孔隙水压的相互影响。Hosseini 等[129]研究了非均质多孔介质非线性渗流时的等效摩擦系数。McCorquodale 等[130-131]对堆石非稳态非达西流动的各种数值计算方法的结果进行了比较。Volker[132]和丁留谦等[133]分别用有限元法计算了二维、三维的非达西渗流问题。

Li 等[134]用三种岩石裂隙样本进行了一系列剪切-渗流耦合试验来研究岩石裂隙形态性质对流固耦合行为的影响。在此试验中，他们开发出了一种新型的试验仪器，并且通过试验评价了剪切力学的几何模型。

Roberts[135]探究了温度和水之间的耦合关系以及温度引起的饱和度

变化规律，并将致密凝灰岩电阻系数作为测定的饱和度函数，研究表明：在水的相变过程中，可以看到电阻值的明显变化。

刘卫群等[136]利用 RFPA 2000 软件平台，结合支承压力与破碎岩体充实率的关系建立了采空区破碎岩体渗流计算的数值模型。考虑瓦斯释放前后的渗流流量变化，近似计算了 J 型通风采空区各处的瓦斯浓度分布。陈占清等[137]用谱截断法讨论了采动围岩渗流系统在时变渗透特性和时变边界条件下的动力学响应，根据数值计算结果提出系统的失稳条件，通过研究渗流系统失稳，分析了煤矿突水的机理。李顺才等[138]分别建立了破碎岩体非达西水渗流、气体渗流及温度场与渗流场耦合的非稳态渗流的动力学模型，并通过无量纲变换后得到了相应的渗流动力学模型：

$$\begin{cases} \dfrac{\partial \bar{p}}{\partial \bar{t}} = -a_0 \dfrac{\partial \bar{v}}{\partial \bar{x}} \\ \dfrac{\partial \bar{v}}{\partial \bar{t}} = -a_1 \dfrac{\partial \bar{p}}{\partial \bar{x}} - a_2 \bar{v} - a_3 \bar{v}^2 - a_4 \end{cases} \tag{1-2}$$

由此可求解渗流系统无量纲变换后的平衡态$(\bar{p}_s, \bar{v}_s)$，研究表明：渗流平衡时沿着渗流方向，孔隙压力线性下降而渗流速度大小相等。文中通过低松弛迭代法分析了平衡态的稳定性，指出破碎岩体渗流动力系统存在鞍结分岔及折叠突变，在分岔点处的微小扰动可诱发渗流失稳，引发突水等动力灾害。图 1-1 给出了鞍结分岔曲线，实线和虚线分别对应于稳定渗流和不稳定渗流。不同的渗流系统，渗透率 k 和临界参数 b_s 也不相同，且渗透率 k 越小，b_s 也越小（但其绝对值越大）。不同渗流系统所对应的分岔曲线关系如图 1-2 所示。

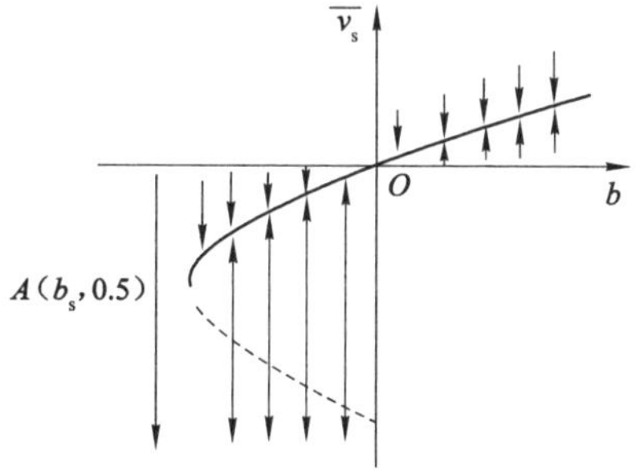

图 1-1　破碎岩体渗流系统的鞍结分岔曲线

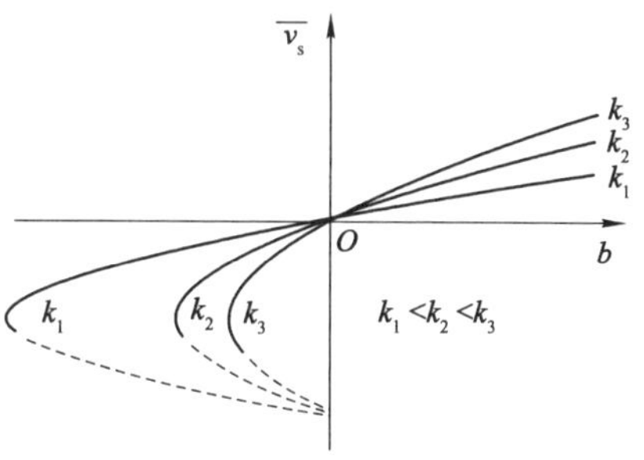

图 1-2　不同渗流系统所对应的分岔

刘继山等[139-142]用试验方法研究了单裂隙和两正交裂隙受正应力作用时的渗流公式，得出如下关系式：

$$K_{\mathrm{f}} = \frac{\gamma}{12\mu} u_{\mathrm{f0}} \cdot \exp\left[\frac{\gamma H_0}{2K_{\mathrm{n}}\ln(R/r_0)}\right] \cdot \exp\left(-\frac{2\sigma}{K_{\mathrm{n}}}\right) \tag{1-3}$$

式中：γ 为容重；μ 为泊松比；u_{f0}为结构面最大压缩变形量；K_{n}为结构面当量闭合刚度；H_0 为压水井（孔）中稳定水头；R 为影响半径；r_0 为压水井（孔）半径；σ 为结构面上的法向应力。

对于正交裂隙受正应力作用时，其渗透系数与正应力的关系为：

$$D_{\mathrm{a}} = \exp\left[-\frac{2}{K_{\mathrm{n}}}(\sigma_1 - \sigma_3)\cos\alpha\right] \tag{1-4}$$

式中：σ_1、σ_3 分别为最大、最小正应力；$D_{\mathrm{a}} = K_{\mathrm{f1}}/K_{\mathrm{f2}}$，为裂隙岩体渗透的各向异性度；$K_{\mathrm{f1}}$、$K_{\mathrm{f2}}$分别为 1、2 裂隙的渗透系数。

1.2.4 岩溶灾害的机理研究现状

20 世纪 30 年代，苏联科学家即开始对岩溶灾害进行研究，并引起了世界各国对岩溶水灾害的重视。1969 年，Arandjelovic[143]提出了一种利用爆炸产生的弹性波传播的方法试图去追踪岩溶水的流动规律。1970 年，Rauch 等[144]针对宾夕法尼亚州中部的尼塔尼山谷地区尺寸大于 100 英尺的岩溶洞穴进行调研勘察发现，地层岩性对岩溶的发育具有重要的影响。1971 年，Stringfield 等[145]针对沿海地区岩溶地貌对地下水循环的影响规律进行了研究。1973 年，LeGrand[146]系统阐述了碳酸盐岩地区岩溶地质对生态的影响及发生条件。Kilkus[147-148]经过多年的调研，获得了立陶宛北部地区的岩溶发育特征，包括岩溶溶腔的大小、富水情况等。Rauch 等[149]对宾夕法尼亚州中部的中奥陶系碳酸盐岩样品进行室内溶解试验，研究发现岩石中白云石和杂质的含量对其溶解速率具有显著影响。Minko[150]总结了石灰岩岩溶地貌对保加利亚水坝建设的制约作用。

我国对岩溶的研究相对较晚，发展初期主要还是沿袭苏联和欧美国家的方法。1966 年，我国举办了第一个全国岩溶（喀斯特）学术会议，大会上提出了在中国采用“岩溶”来代替“喀斯特”的建议，并获得了参会代表的一致赞同。1973 年，卢耀如等[151]对我国岩溶发育规律及工程地质条件进行了讨论，认为可溶岩的可溶性是岩溶发育最主要的内因，而影响岩溶发育的因素很多，并就气候条件、水流侵蚀作用条件和地质构造条件等三个因素进行了重点介绍。1978 年，徐卫国等[152]通过野外考察、资料分析和室内试验，对岩溶矿区地表塌陷的成因进行了深入分析，并提出了相对适宜的处置方法。任美锷等[153]和张之淦等[154]在广泛调研的基础上，系统分析了我国岩溶地貌的发育规律、类型划分、特征以及区域性分布等。何宇彬[155]指出，每一类岩溶水文地质结构都有自己的补给、径流、排泄系统，从而构成自己特有的水动力剖面。

从 20 世纪 80 年代开始，我国在岩溶水发育规律及防治方面的研究呈现跨越式的发展。梅正星[156]介绍了一种利用示踪曲线分析岩溶通道的展布方法。代群力[157]在“潜蚀论”和“真空吸蚀论”的基础上，提出了岩溶矿区地面塌陷成因新说——共振论，较好地解释了前两者无法解释的一些塌陷现象，通过试验也证实了水面波动而产生共振的破坏作用。华解明[158]对豫西岩溶地下水赋存规律进行研究，并提出了北方岩溶地区的供水勘察方法。黄思静等[159]通过室内模拟试验，研究了石膏对白云岩溶解特性的影响规律。张永双等[160]在专题调查的基础上，分析了华北煤田岩溶陷落柱空间分布规律、影响陷落柱导水性的相关因素以及有关的突水通道类型。

岩溶，是地表水与地下水对可溶性岩层进行化学侵蚀、崩解作用和机械破坏、搬运、沉积作用所形成的各种地表和地下溶蚀现象的总称。岩溶地质的产生和发育通常需要具备三个条件[161]：① 可溶性岩石的存在是产生岩溶的物质基础，隧道穿越石灰岩、泥灰岩、石膏、盐岩等地层时，受地下水作用可能出现溶蚀现象，我国西南地区的可溶岩层则主要为碳酸盐岩系，从下部古生界到中生界，各种不同地层的碳酸盐岩系均发育有不同程度的岩溶现象；② 岩体结构、构造、岩层产状以及节理、裂隙等地质特征决定了岩溶发育程度和规模的不同；③ 地表水和地下水补给、循环是岩溶发育的必要条件，洼地、岩溶盆地、漏水洞等部位，地表水汇集、下渗，造成地下水补给和循环，当地下水中游离或侵蚀性的离子含量较大时，岩溶发育程度增强。

刘招伟[162]对渝怀铁路圆梁山隧道岩溶突水过程、规律和特点以及突水事故的预报和控制技术进行了系统研究，力图来揭示圆梁山隧道岩溶突水机理。研究认为，溶洞受充填物介质及水压影响发生破坏的范围与隧道周围塑性区的沟通是发生岩溶突水的直接原因，并且岩溶突水经历了一个发生、发展的过程；圆梁山隧道岩溶突水具有突发性、高压性和富水性等特点。

李术才等[163]利用断裂力学分析了隔水岩体在高压水力劈裂条件下的破坏，建立了隔水岩体破坏的尖点突变和双尖点突变力学模型，并提出了高压水力劈裂、岩柱岩板结构剪切断裂的突水判据。此外，还建立了由掌子面附近岩体扰动区、开挖向附近岩体破坏区与两区之间的完整岩体保护区组成的最小安全厚度分析方法。研究中还考虑了强渗流作用下充填介质的渗透失稳力学模型和充填体滑移失稳突水模型。

李金凯等[164-165]针对我国煤矿岩溶突水的机理及防治方法进行研究，认为煤系沉积过程形成的石灰岩含水层构成了采矿中主要充水水源和水患，根据层厚可以总体划分为北方型和南方型两个区域，界线大致以南京—武汉—成都为界，不同的矿井防治方法应该因地制宜，其中查清区域水文地质是先决条件。

陷落柱发育于我国华北的主要充水含水层奥陶系石灰岩含水层，易成为岩溶地质灾害的垂向导水通道，目前，许多学者在理论分析方面对于陷落柱突水机制及其判据进行了研究。在“关键层理论”的指导下，缪协兴、白海波等[166-169]通过系统分析华北各典型矿区的勘探基础资料，研究了早古生代的岩相古地理、奥陶系底部岩层残留层位、岩性结构与时空分布、碳酸盐岩层微孔隙结构、岩溶发育机理与特征，突破传统水文地质理论和观念的束缚，率先提出了奥陶系底部碳酸岩隔水层的概念并指出其可作为隔水关键层的观点。但是，由于地质构造和岩溶再发育破坏了奥陶系底部碳酸岩隔水层的完整性，尤其是陷落柱、浅部露头和隐伏露头岩溶发育带等对碳酸岩隔水层构成了点状、现状、带状和面状的破坏。以此为基础，通过建立陷落柱塞子模型[170]及其质量和动量守恒方程，分析了陷落柱的渗流稳定性，从质量的并入和析出角度揭示了陷落柱渗流突变、突水和注浆堵水等机理。

项远杰[171]通过对岩溶陷落柱突水事例和实验室的模拟试验，证实岩溶陷落柱围岩破碎，应力大大降低，是导致陷落柱突水的必要条件。尹尚先等[172-174]将陷落柱突水通道概化为柱体突水通道模式，建立了厚壁筒力学模型，依据极限平衡原理提出相应的突水理论判据并着重对陷落柱的充水、导水和阻水等性质进行了分析，总结我国 10 个矿区的陷落柱导水性规律，指出藤县、西山、峰峰和范各庄的导水陷落柱大于 75%。许进鹏等[175-176]分析了弱径流条件下陷落柱柱体活化导水机制及判据。胡宝林等[177]根据层状沉积岩层的断裂力学机理和洞穴的再发育过程，提出了煤系地层陷落柱多期活动模式。张永双等[178]从生产实践的角度，分析了影响陷落柱导水性的相关因素，讨论了陷落柱突水通道的类型。杨为民等[179]提出泥石浆型堆积是煤层段岩溶陷落柱主要充填物，并指出柱边贯通性节理在高水头作用下成为最优通道。王连国等[180-181]通过数学力学方法，利用尖点突变理论对底板突水的突发性进行解释。蒋小珍等[182-183]总结了岩溶塌陷机理的最新进展，指出目前的岩溶塌陷机理主要可以归结为岩土体的渗透变形。随着岩溶塌陷地下水动力条件监测技术的提出及完善，以及室内、野外地下水气压力监测数据的积累，他们认为岩溶水气压力的突变是岩溶塌陷发生的主要诱因，然而，其临界或破坏指标还需进一步探讨。此外，他们还指出，随着高频采样的水压力、加速度及声波等传感器的实用化，塌陷机理研究将面临从静水压力到动水压力方面的挑战，压力脉动造成的气蚀破坏、共振破坏也将成为未来探究的重点。李振华等[184]对双柳沟矿陷落柱 X15 进行相似模拟试验研究，建立了导水通道的形成与水压和时间的关系。王家臣等[185-187]通过模型试验对陷落柱突水过程的物理规律及特征进行研究，分析了陷落柱及其围岩在渗流突变过程中的水压力变化规律。

综上所述，我国华北地区在石灰岩中古代溶洞非常发育，由于地下水的不断溶蚀作用岩溶洞穴越来越大。在地质构造力和上部覆盖岩层的重力长期作用下，部分溶洞发生坍塌，覆盖在上部的煤系地层也随之陷落，形成陷落柱。陷落柱的存在不但会影响煤炭的产量，而且会带来重大的煤矿安全隐患，尤其是其作为垂向通道导通煤层和奥陶系含水层造成的煤矿突水事故已经造成了大量的人员伤亡和巨大的经济损失，研究陷落柱渗流演化规律对保证煤矿的安全生产具有十分重要的意义。

1.3 主要研究内容与技术路线

1.3.1 研究内容

陷落柱是我国华北地区一种常见的地质构造，一直以来是矿井防治水研究领域关注的焦点和热点，国内外大量的学者对其渗流演化规律进行了研究和探讨。然而对于陷落柱渗流演化规律的研究目前主要还是基于一些基本的力学模型，用来评价和反映陷落柱整体的渗透特性，而由于试验方法和试验条件的限制，对于陷落柱填隙物等内部结构和基于颗粒流失的陷落柱渗流演化规律的研究相对较少。

本书以陷落柱为研究对象，综合采用理论分析、物理模拟和室内试验等方法模拟采动影响下陷落柱的渗流演化规律，并通过有限差分法数值计算软件，对陷落柱的渗流演化规律及突水机理进行探讨。因此，本书主要研究内容包括以下几点：

(1) 陷落柱突水过程中渗流突变发生的演化过程主要是填隙物质量损失导致的渗流通道变化。研究填隙物渗流规律有利于揭示陷落柱渗流突变导致矿井水害的演化过程。因此，对现场取得的陷落柱填隙物进行固结重塑成样模拟其固结状态，并通过瞬态法测试其全应力-应变过程中的渗透率，分析围压、固结压力和初始含水率对填隙物渗透率的影响规律，从而揭示陷落柱填隙物的渗流特性。

(2) 固结状态陷落柱在采动影响下易再次成为破碎岩体而极具水害威胁，其引发的突水具有突发性和滞后性。研究破碎岩体渗流中的颗粒迁移规律与流速和水压的变化关系，可以有效解释陷落柱渗流演化规律。因此，对现场取样的陷落柱进行不同位移水平、渗流边界条件、加卸载的室内渗透性试验，研究采动状态陷落柱的滞后突水机理和渗流突变机理。

(3) 陷落柱填隙物现场大量取样较为困难，陷落柱渗流模型试验样品用量大，现场取样难以满足用量要求。通过相似材料模拟陷落柱物理力学和渗流特性，建立采动影响下陷落柱的突水模型，通过记录实时的孔隙水压和流速，研究采动影响下底板隐伏陷落柱的渗流演化规律。

(4) 通过室内试验结果建立陷落柱渗流突变模型,通过有限差分法数值计算软件,基于实际的水文地质条件和采动过程,模拟底板隐伏陷落柱的渗流演化过程,分析采动影响下陷落柱的突水机理,研究含水层水压和底板厚度对陷落柱渗流突变的影响,并与实际突水过程进行对比验证。

1.3.2 技术路线

本书的研究技术路线如图 1-3 所示。

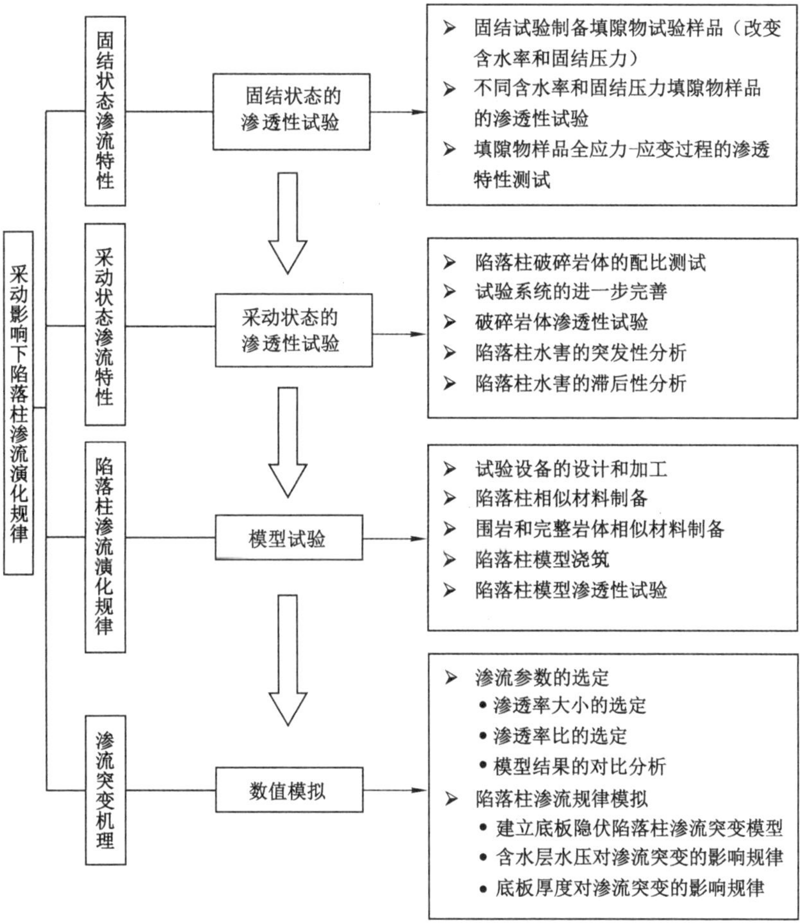

图 1-3　本书研究技术路线图

2 陷落柱填隙物固结状态的渗流特性研究

陷落柱是我国华北地区的一种特殊地质构造，由于其结构的复杂性，目前对其突水过程仍不能很好地预测和控制。陷落柱柱体内的渗流是由骨架结构和骨架内填隙物共同决定的，很多陷落柱处于固结状态，骨架结构中的空隙被填隙物充填，此时填隙物的压密程度、富水情况是决定陷落柱渗流特性的关键因素。陷落柱突水是个十分复杂的过程，主要表现为从稳定渗流到渗流失稳的过程，在此过程中，填隙物逐渐流失，最终导致陷落柱整体结构渗透性的提高，发生渗流突变。因此研究陷落柱填隙物的渗流特性对于解释陷落柱突水具有重要意义。

本章基于固结试验方法生成陷落柱填隙物的渗透性试验试样，并通过室内渗透性试验研究了固结压力、初始含水率对陷落柱填隙物渗流特性的影响，以及不同围压和初始含水率条件下填隙物的全应力-应变过程的渗流特性，分析了陷落柱填隙物的渗流规律，为陷落柱整体结构的研究工作提供理论依据。

2.1 试验制备

陷落柱是由大小不同的岩块、岩屑等杂乱无章地堆积而成的复杂地质结构。本章的研究对象是广泛分布于岩块间的填隙物。对于固结良好的陷落柱，填隙物的渗透性直接影响陷落柱整体的渗透性。

试验样品取自司马煤矿二采区 1211 回风巷掘进中揭露的陷落柱 X3，主要为陷落柱填隙物，该巷道底板标高约为 500 m（地表标高约为 950 m）。物探资料显示，陷落柱 X3 发育至 3# 煤顶板上 150 m 左右，填隙物密度约为 2 000 kg/m^3，陷落柱顶部一般存在空洞，揭露位置的垂向荷载约为 3 MPa。现场观测陷落柱 X3 处于固结状态，大部分骨架和填隙物固结密实，胶结再次成岩的现象很少。但是在打钻或采动影响下，陷落柱的结构易受到扰动而变得松散，现场大量获取陷落柱填隙物样品比较困难。因此，参考土工试验的制样方法，通过固结试验制备陷落柱填隙物试样，其密度和矿物成分见表 2-1。

表 2-1 填隙物的密度和矿物成分

密度/(kg/m^3)		组成成分/%						
相对密度	干密度	石英	高岭石	伊利石	蒙脱石	绿泥石	长石	其余
2 750	1 950	5.6	26.3	10.3	45.5	4.2	5.3	微量

试验样品的制备方法如下：按照既定含水率将烘干后的样品放入密封袋中静置 12 h，保证含水率均匀；取出后放入高度为 160 mm、直径为 50 mm 的有机玻璃筒内（图 2-1），在杠杆式高压固结仪上进行试验。基于填隙物样品抗压强度、渗流特性的测试结果，确定固结试验的最大固结压力为 6 000 kPa，含水率为 15%～25%。根据土工试验规范和岩石蠕变试验规范[188]确定分级荷载为 18.75～6 000 kPa（图 2-2），模拟不同的填隙物埋深，共分 12 级，分级固结荷载设计过程如表 2-2 所列。在未达到 1 MPa前，下一级荷载为上一级的 2 倍，在达到 1 MPa 后，各分级荷载分别为试验的目标值（1 MPa、2 MPa、3 MPa、4 MPa、5 MPa、6 MPa）。固结试验过程中，当位移增量＜0.008 mm/h 时，则施加下一级荷载。

填隙物渗流特性测试的样品（固结制备）高度约为 110 mm，去除上下两端均质性较差部分，将顶底打磨光滑后的样品如图 2-3 所示。陷落柱填隙物渗透性试验样品的高度为 50 mm，直径为 50 mm，固结压力为 1～6 MPa，含水率为 15%～25%，密度约为 2 000 kg/m^3。全应力-应变测试试样的初始高度约为 110 mm，通过打磨顶底端去除端均质性较差部分后试样的高度为 75 mm，其他参数与上述参数相同。

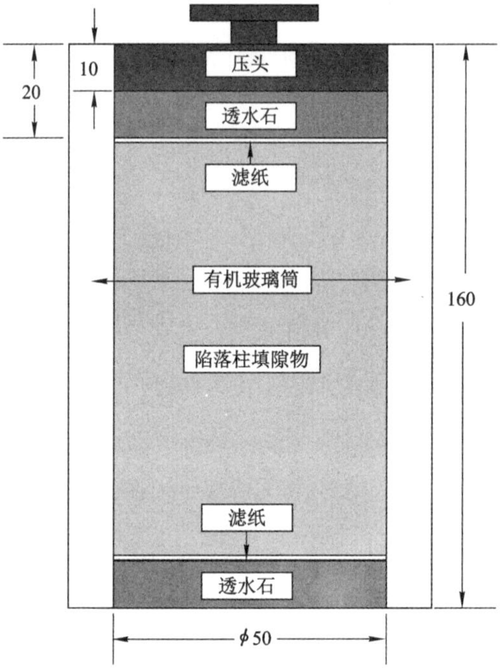

图 2-1　固结试验示意图

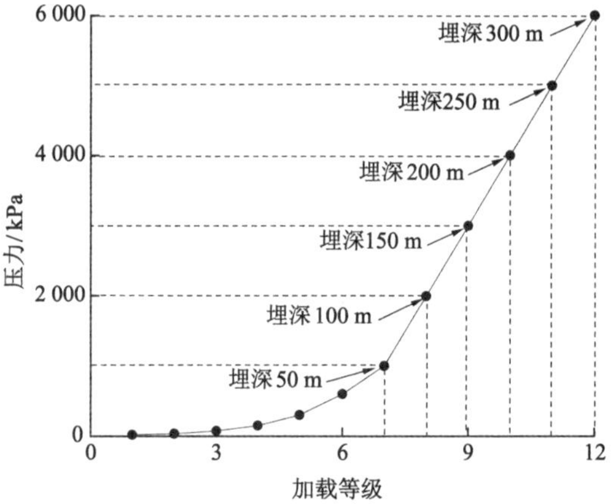

图 2-2　分级固结压力

表 2-2 分级固结荷载设计

埋深 /m	荷载 /kPa	分级荷载/kPa											
		1 级	2 级	3 级	4 级	5 级	6 级	7 级	8 级	9 级	10 级	11 级	12 级
50	1 000	18.75	37.5	75	150	300	600	1 000					
100	2 000	18.75	37.5	75	150	300	600	1 000	2 000				
150	3 000	18.75	37.5	75	150	300	600	1 000	2 000	3 000			
200	4 000	18.75	37.5	75	150	300	600	1 000	2 000	3 000	4 000		
250	5 000	18.75	37.5	75	150	300	600	1 000	2 000	3 000	4 000	5 000	
300	6 000	18.75	37.5	75	150	300	600	1 000	2 000	3 000	4 000	5 000	6 000

图 2-3 陷落柱填隙物固结样品

固结过程中试样的荷载等级 p 与压缩量 s 的关系曲线如图 2-4 所示。其中不同固结压力的 p-s 曲线如图 2-4(a)所示，由图可见随着荷载等级的增大，试样逐渐压密，高度呈现出非线性减小，孔隙度减小。其中不同含水率的 p-s 曲线如图 2-4(b)所示，由图可见第 9 荷载等级(3 MPa)的不同初始含水率样品的压缩量为 20.83～24.95 mm。此时，压缩量和孔隙度随着初始含水率的增加而增大。以 25%和 15%含水率试样为例进行比较，25%和 15%的含水率试样未加载时的含水率差为 10.0%，加载至第 9 级其差值约为 3%，即 25%试样的含水率仍然大于 15%，烘干后 25%试样的孔隙度更大。

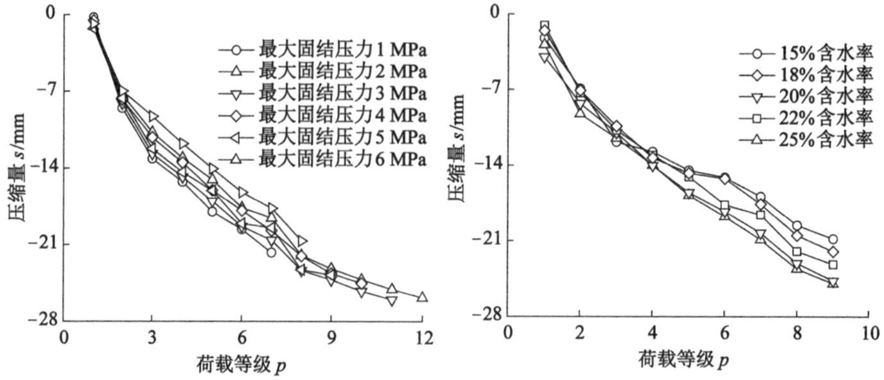

(a) 不同固结压力　　(b) 不同含水率

图 2-4　p-s 曲线

2.2　试验仪器及方法

采用 MTS815.02 型电液伺服渗流试验系统进行陷落柱填隙物的渗透性试验。瞬态渗透试验系统原理如图 2-5 所示。试验系统可以简化为试样及试样顶底部的稳压器水箱，若认为试样的高度为 H，横截面积为 A_t，稳压器体积均为 B_t，稳压器水箱 1 和 2 的压力分别为 p_1、p_2。由于初始时刻试样两端压力不同（$p_{10}>p_{20}$），即存在压力梯度 $\xi_0=(p_{10}-p_{20})/H$，试验过程中水箱 1 和水箱 2 的压力不断趋向于某一个相等值，即水箱 1 的压力下降，而水箱 2 的压力增大，最终达到平衡状态。假定岩样是饱和的，设水箱 1 进入试样和试样进入水箱 2 的流量均为 q，则试样中渗流速度为 $v=q/(\rho A)$。通过流体的压缩性可以得到：

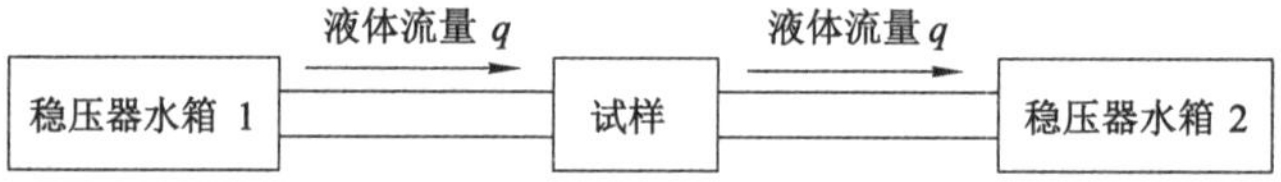

图 2-5　瞬态渗透试验系统原理图

$$\frac{1}{c_f}=\rho\frac{\mathrm{d}p_1}{\mathrm{d}\rho} \tag{2-1}$$

式中：c_f 为流体压缩系数；ρ 为流体质量密度。

$$\frac{\mathrm{d}p_1}{\mathrm{d}t}=-\frac{A_t v}{c_f B} \tag{2-2}$$

同理：

$$\frac{\mathrm{d}p_2}{\mathrm{d}t}=-\frac{A_t v}{c_f B} \tag{2-3}$$

联立式(2-2)和式(2-3)可得：

$$\frac{\mathrm{d}(p_2-p_1)}{\mathrm{d}t}=-2\frac{A_t v}{c_f B} \tag{2-4}$$

即：

$$v=\frac{c_f B_t H}{2A}\frac{\mathrm{d}\xi}{\mathrm{d}t} \tag{2-5}$$

式中：v 为渗流速度；ξ 为瞬时的压力梯度，即 $\xi=(p_2-p_1)/H$。

对式(2-5)求导可得：

$$\frac{\mathrm{d}v}{\mathrm{d}t}=\frac{c_f B_t H}{2A}\frac{\mathrm{d}^2\xi}{\mathrm{d}t^2} \tag{2-6}$$

若渗流服从达西定律，则渗透率表达式为：

$$k_D=\frac{c_f B_t H\mu}{2t_f A}\ln\frac{\xi_0}{\xi} \tag{2-7}$$

式中：μ 为动力黏度系数；t_f 为采集时间；ξ_0 为初始压力梯度。

试验的轴向荷载为 1 kN，围压为 1～6 MPa，初始渗透压差为1 MPa，每组试验进行 3 次，取平均值。

3 MPa 固结压力，22％含水率样品的孔隙压力梯度随时间变化曲线如图 2-6 所示，以此图为例对渗透率的计算进行说明。由图 2-6 可以看出，试验中孔隙压力梯度随时间变化曲线为不光滑曲线，利用多项式对孔隙压差-时间曲线进行拟合可以减小试验误差。孔隙压力梯度随时间变化符合多项式函数规律，拟合表达式为：

$$\xi=6\times10^{-10}t^4-3\times10^{-7}t^3+6\times10^{-5}t^2-0.0077t+1.9233 \tag{2-8}$$

由图 2-6 可知，拟合曲线的斜率随时间的增大而减小，表示孔隙压力梯度的减小速率随时间变慢，即瞬态法求解的渗透率随时间增大而减小。过长的采集时间造成瞬态法求解的渗透率出现较大误差；而文献[189]提出，在较短渗流时间的情况下，瞬态法求得的渗透率也与实际值误差较大。综合考虑,试验采集时间取 200 s(通常为 100 s)。

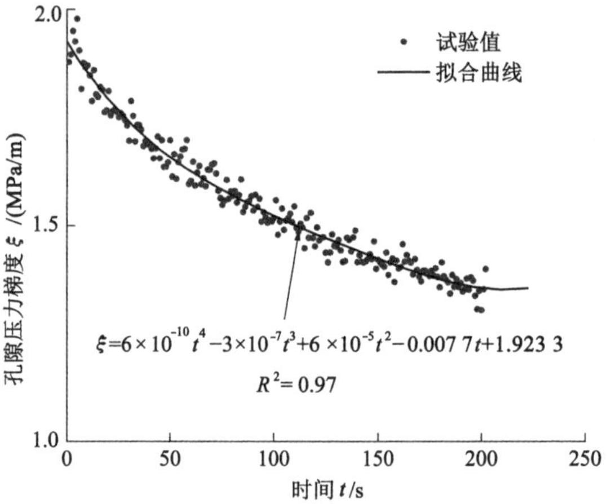

图 2-6　孔隙压力梯度随时间变化曲线

2.3　陷落柱填隙物的渗流特性

本节对不同固结压力和含水率条件下陷落柱填隙物试样的渗流特性进行研究,试验基本参数选取如下:试样截面积 A_t 为 7.85×10^{-3} m^2,围压 σ_3 为 3 MPa,稳压器容积 B 为 0.332×10^{-6} m^3。渗流介质为水,动力黏度系数 μ 为 1.01×10^{-3} Pa·s,压缩系数 c_f 为 0.556×10^{-9} Pa^{-1}。将各参数和孔隙压力梯度值代入式(2-7)求解渗透率,计算结果如表 2-3 所列。

表 2-3　不同陷落柱填隙物试样的渗透率

编号	固结压力/MPa	含水率/%	渗透率 k_D/($\times10^{-16}$ m^2)
SP-20-1#	1	20	16.12
			14.83
			16.15
SP-20-2#	2	20	8.53
			6.35
			8.42

表 2-3(续)

编号	固结压力/MPa	含水率/%	渗透率 k_D/($\times 10^{-16}$ m^2)
SP-20-3#	3	20	5.69
			6.28
			5.10
SP-20-4#	4	20	7.33
			7.02
			6.94
SP-20-5#	5	20	5.62
			4.97
			4.42
SP-20-6#	6	20	1.45
			1.64
			0.99
SP-15-3#	3	15	4.82
			4.92
			4.89
SP-18-3#	3	18	5.63
			5.23
			5.70
SP-22-3#	3	22	8.53
			6.58
			7.43
SP-25-3#	3	25	11.01
			9.90
			10.60

2.3.1 固结压力和含水率对渗透率的影响规律

渗透率随固结压力和含水率的变化曲线如图 2-7 所示。只考虑固结压力对渗透率的影响时,含水率固定为 20%;只考虑含水率的影响时,固结压力为 3 MPa。

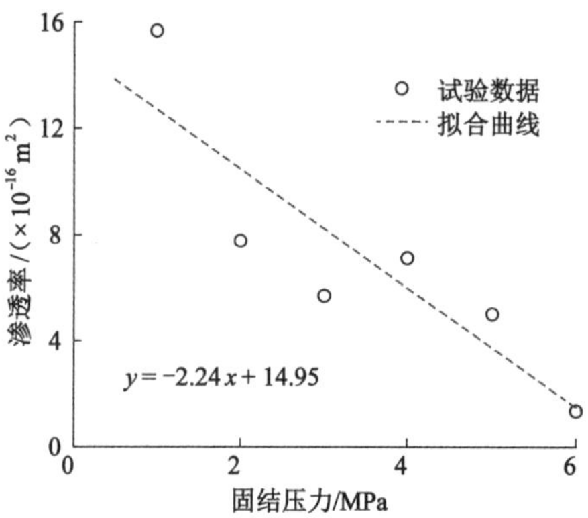

（a）固结压力

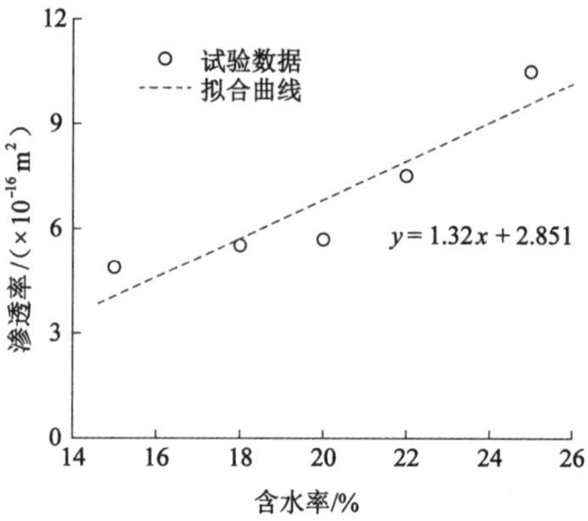

（b）含水率

图 2-7　渗透率随固结压力和含水率的变化曲线

分析图 2-7 得出以下结论：

(1) 陷落柱填隙物的渗透率处于 10^{-15}～10^{-16} m^2。而天然岩石样品的渗透率处于 10^{-16}～10^{-21} m^2[190]，与天然岩样相比，陷落柱填隙物属于高渗透率的样品，与砾岩和峰后砂岩的渗透率较为接近。此外，部分天然岩石样品的渗透率变化范围很大，如石灰岩的渗透率处于 10^{-17}～10^{-21} m^2，相差 4 个数量级，而陷落柱填隙物的渗透率变化范围较小，不同的填隙物样品渗透率最多相差 1 个数量级。

(2) 从图 2-7(a)中可以看出，随着样品固结压力的增大，渗透率呈明显减小的趋势。填隙物试样的固结压力从 1 MPa 增加到 6 MPa，渗透率从 1.57×10^{-15} m^2 减小到 1.36×10^{-16} m^2，发生了数量级的变化。为了研究渗透率变化的原因，结合图 2-4(a)分析固结过程中试样的孔隙度变化规律，可以看出，随着加载等级的增大，试样逐渐压密，高度呈现出非线性减小规律，孔隙度减小。因此，随着试样固结压力的增大，样品内部的空隙体积减小，引起渗流的有效孔隙度降低是导致渗透率减小的根本原因。

(3) 从图 2-7(b)中可以看出，随着样品初始含水率的增大，渗透率呈明显的增大趋势。填隙物试样的含水率从 15％增大到 25％，渗透率由 4.88×10^{-16} m^2 增大到 1.49×10^{-15} m^2，增大了一个数量级。结合图 2-4(b)可知，第 9 荷载等级(3 MPa)的不同初始含水率样品的压缩量为20.83～

24.95 mm。此时，压缩量和孔隙度随着初始含水率的增加而增大。以25%和15%含水率试样为例进行比较，25%和15%的含水率试样未加载时的含水率差为10.0%，加载至第9级其差值约为3%，即25%试样的含水率仍然大于15%，烘干后25%试样的孔隙度更大。综上所述，引起陷落柱填隙物的渗透率随初始含水率增大的原因是样品的孔隙度随含水率的增大而增大。

上述分析可知，孔隙结构的改变可能是引起试样渗透率变化的根本原因。为了进一步研究孔隙结构对试样渗透率的影响规律，通过压汞试验对陷落柱填隙物样品的孔隙结构进行测试，渗透率与孔隙度随固结压力与初始含水率的变化规律如图2-8所示。图2-8(a)中渗透率和孔隙度比值为不同固结压力样品的渗透率和孔隙度与固结压力为6 MPa样品（渗透率和孔隙度的最小值）的比值，图2-8(b)中渗透率和孔隙度的比值为不同含水率样品的渗透率和孔隙度与含水率为15%样品的比值。

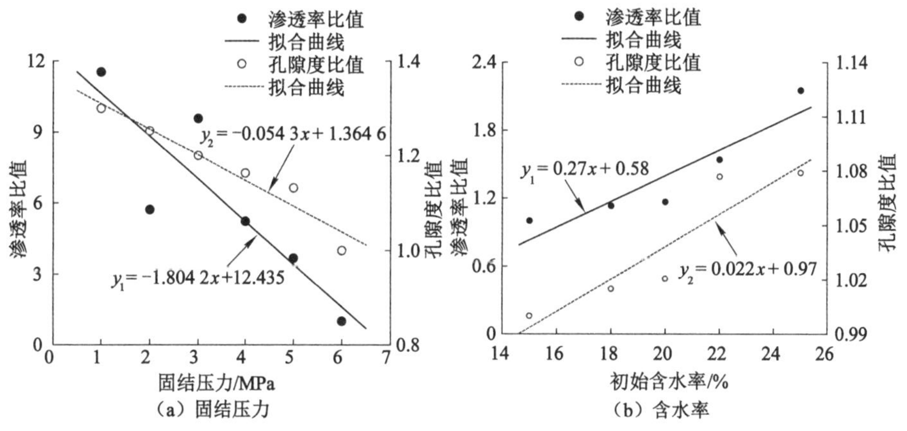

图2-8 渗透率与孔隙度随固结压力和初始含水率变化规律

分析图2-8可以得出以下规律：孔隙度和渗透率随着固结压力和含水率的变化始终保持着同样的变化趋势。随着固结压力从1 MPa增大至6 MPa，渗透率和孔隙度分别从1.57×10^{-15} m^2和0.249减小到1.36×10^{-16} m^2和0.190，分别减小了91.3%和23.7%。在初始含水率从25%减小至15%时，渗透率和孔隙度分别从1.05×10^{-15} m^2和0.233减小至

4.88×10^{-16} m^2 和 0.217，分别减小了 53.5%和 6.9%。

陷落柱填隙物孔隙度的变化是引起渗透率变化的根本原因。分别对不同固结压力和初始含水率的陷落柱填隙物试样的渗透率和孔隙度进行拟合，拟合结果如图 2-9 所示。拟合结果显示：陷落柱填隙物的渗透率比值与孔隙度比值存在幂函数关系，拟合程度较高，相关系数为 0.98。

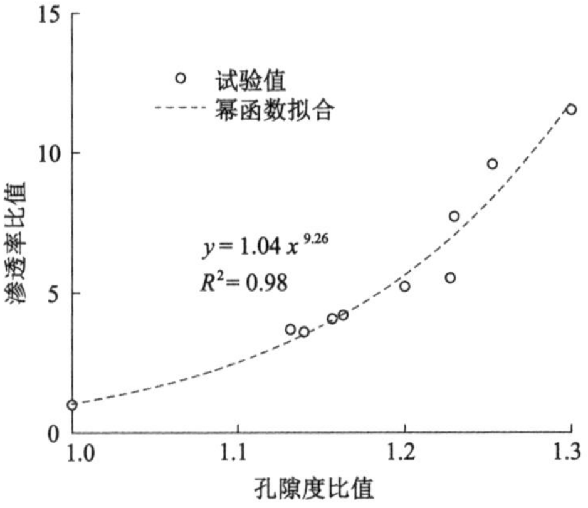

图 2-9　渗透率随孔隙度变化规律

王环玲等[191]也提出孔隙度和渗透率之间存在幂函数关系，其表达式为：

$$k = k_0 \times \left(\frac{\varphi}{\varphi_0}\right)^b \tag{2-9}$$

式中：k、k_0 分别为渗透率和初始渗透率，$k_0 = 1.36 \times 10^{-16}$ m^2；φ、φ_0 分别为孔隙度和初始孔隙度，$\varphi_0 = 0.190$；b 为材料参数，取值为 9～10。

2.3.2　瞬态法的非达西流讨论

为了分析陷落柱填隙物的有效孔隙度，本节利用 Irmay 方程[192]对瞬态法的非达西流进行讨论。图 2-10 为 Irmay 流动模型示意图，在圆球上，由于流体黏附于球壁，有 $v_y = 0$，在颗粒之间 v_y 的最大

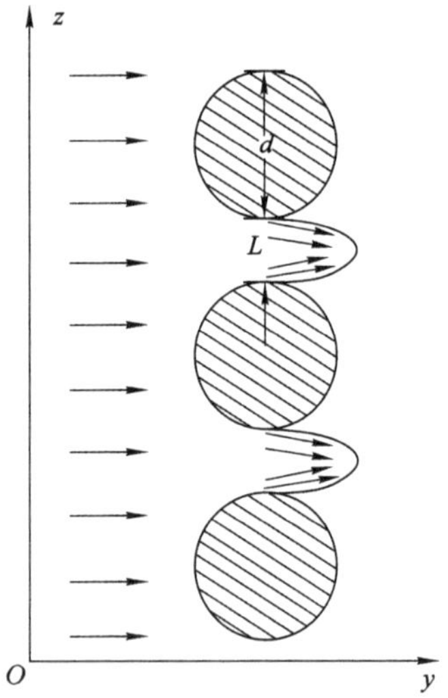

图 2-10　Irmay 流动模型

值处于两个颗粒之间，所以有$\frac{\partial^2 v_y}{\partial y^2}<0$，$\frac{\partial^2 v_y}{\partial z^2}<0$。经过平均，有：

$$\frac{\partial^2 v_y}{\partial y^2}+\frac{\partial^2 v_y}{\partial z^2}=-\frac{\beta(1-n)}{d^2(n-n_0)^3}q \tag{2-10}$$

式中：$n-n_0=L/(L+d)$，即为有效孔隙度；根据试验结果可知 $1-(n-n_0)\approx 1-n$，为了计算方便，公式中取 $1-n$。

在颗粒的收缩断面上有 $v_y=0$ 和 $v_z=0$，在收敛区有$\frac{\partial(v_x^2+v_z^2)}{\partial y}<0$ 和 $\frac{\partial(v_x^2+v_y^2)}{\partial y}<0$，由Irmay方程推导得出：

$$\frac{\partial(v_x^2+v_z^2)}{\partial y}=-\frac{\partial(1-n)}{d(n-n_0)^3}q^2 \tag{2-11}$$

结合能量守恒方程建立考虑有效孔隙度影响的岩石渗流过程的Irmay方程：

$$\xi=\alpha\frac{\upsilon(1-n)^2}{g d^2(n-n_0)^3}v+\frac{\beta(1-n)}{gd(n-n_0)^3}v^2+\frac{1}{g(n-n_0)}\frac{\mathrm{d}v}{\mathrm{d}t} \tag{2-12}$$

式中：υ 为运动黏度系数；g 为重力加速度；d 为组成岩体颗粒的直径；n 和 n_0 分别为样品孔隙度和无效孔隙度；α 和 β 为形状因素。

在岩样渗流过程中，Irmay 方程若满足达西定律时有：

$$v=K\xi \tag{2-13}$$

式中：K 为渗透系数，满足 $K=\frac{gd^2(n-n_0)^3}{\alpha\upsilon(1-n)^2}$，即渗透率 $k-\frac{\rho gd^2(n-n_0)^3}{\alpha(1-n)^2}$。

将式(2-12)代入式(2-13)得到渗流服从达西定律的渗透率：

$$k_{\mathrm{D}}=\frac{c_{\mathrm{f}}BH\mu}{2t_{\mathrm{f}}A}\ln\frac{\xi_0}{\xi} \tag{2-14}$$

即为式(2-7)相同形式。

试验中孔隙压差的采集时间间隔为 Δt，采集次数为 n，第 i 次采集的孔隙水压值为$\xi_i=\frac{(p_2-p_1)_{t=i\Delta t}}{H}$，通过差分法可以求得渗流速度及其变化率的时间序列，表达式(2-14)转化为：

$$\frac{\alpha\upsilon(1-n)^2}{g d^2(n-n_0)^3}v_i+\frac{\beta(1-n)}{gd(n-n_0)^3}v_i{}^2+\frac{1}{g(n-n_0)}\frac{\mathrm{d}v_i}{\mathrm{d}t}-\xi_i=0 \tag{2-15}$$

根据最小二乘法原理建立泛函数，通过泛函数的极值条件可以分别求得$\frac{\alpha v(1-n)^2}{gd^2(n-n_0)^3}$，$\frac{\beta(1-n)}{gd(n-n_0)^3}$和$\frac{1}{g(n-n_0)}$。

试验中孔隙压力梯度随时间变化曲线若为不光滑曲线(图 2-6)，利用多项式对孔隙压差-时间曲线进行拟合，由式(2-6)和对式(2-6)进行求导获得渗流速度 v 及其变化率$\frac{dv}{dt}$的时间序列，通过对式(2-15)求解的方法获得$\frac{\alpha v(1-n)^2}{gd^2(n-n_0)^3}$，$\frac{\beta(1-n)}{gd(n-n_0)^3}$和$\frac{1}{g(n-n_0)}$值，孔隙压力梯度随时间变化的拟合表达式为：

$$\xi = 6\times10^{-10}t^4 - 3\times10^{-7}t^3 + 6\times10^{-5}t^2 - 0.0077t + 1.9233 \tag{2-16}$$

对于所有的孔隙压力梯度随时间变化的拟合表达式有：

$$\xi = at^4 - bt^3 + ct^2 - \mathrm{d}t + e \tag{2-17}$$

式中：a、b、c、d、e 为拟合表达式的拟合参数。各试样的拟合结果如表 2-4 所列。

表 2-4 陷落柱填隙物非达西流渗透率

标号	多项式拟合参数					Irmay 流		
	a	b	c	d	e	$\alpha/(\mathrm{m^2/s^4})$	$\beta/(\mathrm{kg/s^2})$	$n-n_0$
SP-20-1#	3×10^{-9}	1×10^{-6}	3×10^{-4}	0.025 5	2.384 1	9.71×10^{-20}	-2.41×10^{-15}	2.51×10^{-9}
	2×10^{-10}	2×10^{-7}	4×10^{-5}	0.006 2	1.768 1	2.56×10^{-19}	-3.43×10^{-15}	1.48×10^{-10}
	3×10^{-9}	1×10^{-6}	2×10^{-4}	0.010 9	1.347 0	2.73×10^{-19}	-5.35×10^{-15}	2.73×10^{-9}
SP-20-2#	6×10^{-10}	4×10^{-7}	9×10^{-5}	0.010 6	3.289 2	1.72×10^{-21}	-3.77×10^{-15}	2.76×10^{-9}
	1×10^{-9}	7×10^{-7}	1×10^{-4}	0.004 1	1.722 6	1.04×10^{-20}	-2.44×10^{-17}	6.51×10^{-10}
	3×10^{-10}	2×10^{-7}	3×10^{-5}	0.004 7	1.134 8	1.32×10^{-20}	-1.16×10^{-15}	1.54×10^{-9}
SP-20-3#	1×10^{-9}	7×10^{-7}	1×10^{-4}	0.016 9	2.870 2	1.53×10^{-22}	-6.45×10^{-20}	6.17×10^{-11}
	8×10^{-10}	3×10^{-7}	3×10^{-5}	0.000 8	1.832 0	1.39×10^{-19}	-3.97×10^{-17}	8.39×10^{-10}
	2×10^{-10}	1×10^{-7}	3×10^{-5}	0.005 1	1.321 4	9.30×10^{-20}	-1.49×10^{-16}	6.27×10^{-10}
SP-20-4#	1×10^{-9}	4×10^{-7}	4×10^{-5}	0.003 2	2.791 0	2.45×10^{-22}	-2.64×10^{-19}	1.07×10^{-10}
	1×10^{-9}	4×10^{-7}	6×10^{-5}	0.003 9	1.960 2	6.88×10^{-20}	-4.23×10^{-16}	1.62×10^{-9}
	2×10^{-10}	1×10^{-7}	3×10^{-5}	0.005 1	1.323 9	9.40×10^{-20}	-4.88×10^{-16}	9.29×10^{-10}

表 2-4(续)

标号	多项式拟合参数					Irmay 流		
	a	b	c	d	e	$\alpha/(m^2/s^4)$	$\beta/(kg/s^2)$	$n-n_0$
SP-20-5#	3×10^{-10}	1×10^{-7}	2×10^{-5}	0.002 5	2.118 7	8.08×10^{-19}	-4.69×10^{-20}	9.03×10^{-11}
	5×10^{-10}	2×10^{-7}	5×10^{-5}	0.005 3	1.992 9	1.23×10^{-21}	-1.82×10^{-16}	8.37×10^{-10}
	9×10^{-11}	6×10^{-7}	2×10^{-5}	0.003 4	1.315 6	4.25×10^{-18}	-1.96×10^{-16}	6.31×10^{-10}
SP-20-6#	5×10^{-10}	2×10^{-7}	4×10^{-5}	0.002 7	2.316 2	4.29×10^{-19}	-2.14×10^{-18}	1.66×10^{-10}
	2×10^{-10}	1×10^{-7}	2×10^{-5}	0.001 9	1.918 0	4.22×10^{-18}	-1.04×10^{-16}	8.76×10^{-10}
	3×10^{-10}	1×10^{-7}	7×10^{-5}	0.001 3	1.301 9	3.28×10^{-19}	-4.17×10^{-18}	2.46×10^{-10}
SP-15-3#	5×10^{-10}	2×10^{-7}	2×10^{-5}	0.001 1	1.972 2	5.86×10^{-23}	-1.37×10^{-19}	1.01×10^{-10}
	9×10^{-10}	4×10^{-7}	6×10^{-6}	0.005 7	1.925 2	3.61×10^{-20}	-1.39×10^{-17}	5.21×10^{-10}
	2×10^{-10}	1×10^{-7}	2×10^{-5}	0.002 7	1.332 0	7.27×10^{-21}	-5.25×10^{-18}	3.25×10^{-10}
SP-18-3#	1×10^{-9}	6×10^{-7}	1×10^{-4}	0.010 8	2.819 5	9.47×10^{-22}	-5.76×10^{-18}	2.82×10^{-10}
	6×10^{-10}	3×10^{-7}	5×10^{-5}	0.005 9	1.955 5	2.60×10^{-21}	-1.94×10^{-18}	1.85×10^{-10}
	6×10^{-11}	6×10^{-9}	1×10^{-5}	0.004 2	1.335 8	8.84×10^{-20}	-2.30×10^{-16}	9.43×10^{-10}
SP-22-3#	2×10^{-10}	2×10^{-7}	6×10^{-5}	0.008 9	2.642 0	4.17×10^{-21}	-6.18×10^{-19}	2.52×10^{-10}
	2×10^{-10}	1×10^{-7}	4×10^{-5}	0.006 1	1.015 0	6.69×10^{-20}	-6.99×10^{-17}	6.61×10^{-10}
	6×10^{-10}	3×10^{-7}	4×10^{-5}	0.004 3	1.269 4	1.18×10^{-18}	-3.10×10^{-15}	2.15×10^{-9}
SP-25-3#	1×10^{-9}	6×10^{-7}	1×10^{-4}	0.012 5	2.600 8	2.54×10^{-18}	-1.64×10^{-15}	2.37×10^{-9}
	6×10^{-10}	3×10^{-7}	6×10^{-5}	0.007 7	1.923 3	7.33×10^{-30}	-1.17×10^{-25}	6.07×10^{-9}
	9×10^{-10}	4×10^{-7}	7×10^{-5}	0.005 9	1.275 9	1.48×10^{-19}	-7.95×10^{-17}	7.36×10^{-9}

不同固结强度和初始含水率条件下，渗透率、孔隙度、有效孔隙度随固结强度和初始含水率的变化关系如图 2-11 所示，结合 Irmay 渗流模型分析可以得出以下规律：

(1) 由图 2-11(a)可以看出，随着固结强度的增加，渗透率、有效孔隙度和孔隙度都呈现出减小的趋势。在固结强度为 1 MPa 时，渗透率、有效孔隙度和孔隙度的平均值分别为 1.57×10^{-15} m^2、1.80×10^{-9}和 0.27，在固结强度为 6 MPa 时，平均值分别为 1.36×10^{-16} m^2、4.29×10^{-10}和 0.20，从固结强度 1 MPa 到固结强度 6 MPa，渗透率、有效孔隙度和孔隙度分别减少了 91.3%、76.2%和 25.9%。

(2) 由图 2-11(b)可以看出，渗透率、有效孔隙度和孔隙度都随着初

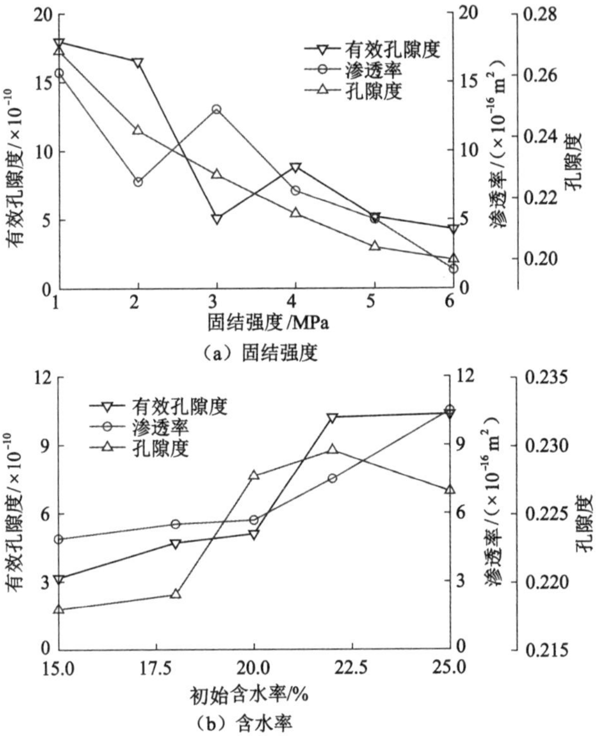

图 2-11　渗透率、孔隙度、有效孔隙度与固结强度和初始含水率的关系

始含水率的增加而增大。15%含水率时渗透率、有效孔隙度和孔隙度的平均值分别为 4.88×10^{-16} m²、3.16×10^{-10} 和 0.22，25%含水率时平均值分别为 1.05×10^{-15} m²、1.03×10^{-9} 和 0.23，从 15%含水率到 25%含水率，渗透率、有效孔隙度和孔隙度分别增加了 115.2%、225.9%和 4.5%。

(3) 在实际的岩样渗流过程中，有效孔隙度 $n-n_0$ 对试样渗流起到关键性的作用。由图 2-11 可以看出，渗透率、有效孔隙度和孔隙度表现出了明显的相关性，都随着固结强度和含水率的变化，呈现出相同的增大或减小趋势。但不同的是，随着固结强度和含水率的变化，渗透率和有效孔隙度基本呈现出近似线性的变化，而孔隙度呈现出对数函数式变化，增大和减小都趋向于某个固定值。从变化的幅度来看，随着固结强度和含水率的变化，渗透率和有效孔隙度的变化幅度较大，都有数量级的变化，相对来说，孔隙度的变化幅度不大。

(4) 有效孔隙度所占的比例很小,只有 10^{-10}～10^{-9} 量级,而通过压汞试验测得样品的孔隙度处于 0.19～0.29 之间,无效孔隙度 n_0 几乎等于孔隙度 n,说明绝大多数孔隙为无效孔隙。

2.4 陷落柱填隙物全应力-应变的渗流特性

为了进一步研究陷落柱填隙物的渗流特性,在对不同固结压力和含水率试样进行渗透率测试的基础上,利用 MTS815.02 渗流试验系统进行陷落柱填隙物的全应力-应变渗流特性研究,分析填隙物围压和含水率对全应力-应变渗流的影响,并与灰岩和泥岩的全应力-应变渗流规律进行对比分析。渗透率的测试方法和各基本参数与上节基本相同。

2.4.1 填隙物全应力-应变过程的渗流规律

三轴压缩状态下脆性岩石的全应力-应变过程的渗透率规律一般分为 4～5 个阶段[193-195]:压密段、弹性段、稳定破坏段和峰后段(非稳定破坏段和局部化过渡段),而软岩还可能只表现出塑性段和蠕变段[196-198]。陷落柱填隙物在全应力-应变过程中的典型渗透率变化曲线(围压 3 MPa,初始含水率 22%)如图 2-12 所示,主要划分为以下三个阶段:

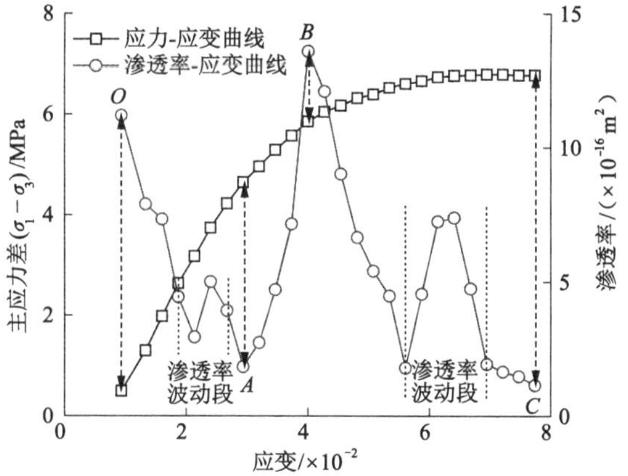

图 2-12 填隙物全应力-应变过程的典型渗透率变化曲线

(1) 压密段(*OA* 段)。固结制备的试样原始微裂隙压缩挤密,原始空隙体积减小，试样的渗透率总体呈现减小趋势。部分阶段出现微裂隙贯通或扩展，渗透率产生波动。

(2) 破坏段（AB段）。试样原始微裂隙压密和大空隙闭合基本完成，应力在A点附近达到屈服强度并随应变的变化速率降低，试样中微裂隙迅速贯通、扩展，渗透率在B点增大至峰值。

(3) 蠕变段（BC段）。应力随应变增大变化速率进一步减缓，试样呈现蠕变特性，大部分贯通、扩展的微裂隙闭合，空隙体积再次减小，渗透率总体呈现减小趋势。部分阶段少量微裂隙贯通、扩展，渗透率出现波动。

在不同的试验中，OA段和BC段的渗透率波动可能反复出现，所有试验的渗透率峰值都出现在应力峰值前，这与只表现出塑性段和蠕变段的软岩渗透率与应力峰值关系一致。

为了进一步讨论陷落柱填隙物全应力-应变过程的渗流特性，分别将陷落柱填隙物的应力-应变-渗流特性与灰岩和泥岩进行比较分析。朱珍德等[194]和杨林德等[198]进行了灰岩（围压 6 MPa）和泥岩（围压 4 MPa）的全应力-应变过程渗透率变化规律研究，部分研究结果如图 2-13 所示。

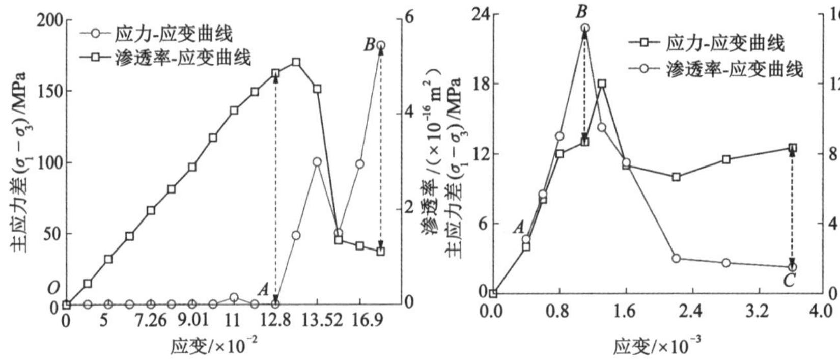

(a) 灰岩　　(b) 泥岩

图 2-13　灰岩和泥岩的全应力-应变过程渗透率变化曲线[183,187]

对比图 2-12 和图 2-13 可知：

(1) 灰岩的渗透率-应变存在如下特性：压密段（OA段），渗透性较弱且随变形的变化不明显；破坏段（AB段），渗透率急剧增强并达到渗透率峰值，该峰值处于10^{-16} m^{2}数量级；灰岩为脆性岩石，在峰后应力快速下降，应力峰值达到约 175 MPa。陷落柱填隙物的渗透率峰值比灰岩大 1

个数量级，填隙物的应力最大值为 8.59 MPa，远小于脆性岩石的应力峰值。这两种试样的渗透率与应力峰值关系不同，灰岩的渗透率峰值出现在应力峰值后，而填隙物的渗透率峰值出现在应力峰值前。

(2) 泥岩的渗透率-应变曲线无压密段，存在破坏段（*AB* 段）和蠕变段（*BC* 段），渗透率峰值为 1.52×10^{-15} m^2。在泥岩的应力-应变曲线中，峰值后出现应力增大恢复承载能力的现象，表现出了软岩的流变性和重塑性，峰值应力约为 16 MPa。陷落柱填隙物和泥岩的渗透率-应变曲线相似，渗透率峰值处于同一数量级，应力最大值较为接近；泥岩和陷落柱填隙物的渗透率峰值同样出现在应力峰值之前。

为了进一步对比分析泥岩与陷落柱填隙物，对司马煤矿（陷落柱取样地点）的泥岩进行取样测试，取样埋深为 150～160 m。泥岩的含水率为 28.9%，密度约为 2 000 kg/m^3，平均单轴抗压强度为 1.30 MPa，渗透率为 2.52×10^{-15} m^2。

陷落柱填隙物不同初始含水率的单轴压缩应力-应变关系如图 2-14 所示，试样高度和直径分别为 100 mm 和 50 mm，M_C 代表试样的初始含水率。从图 2-14 中可以看出，不同含水率的陷落柱试样单轴抗压强度处于 1.57～2.62 MPa 之间。应力-应变曲线中存在应力随应变的增大先减小后增大的突变点，这表明试样可能在空隙闭合后恢复了承载能力，具有明显的重塑性和流变性。

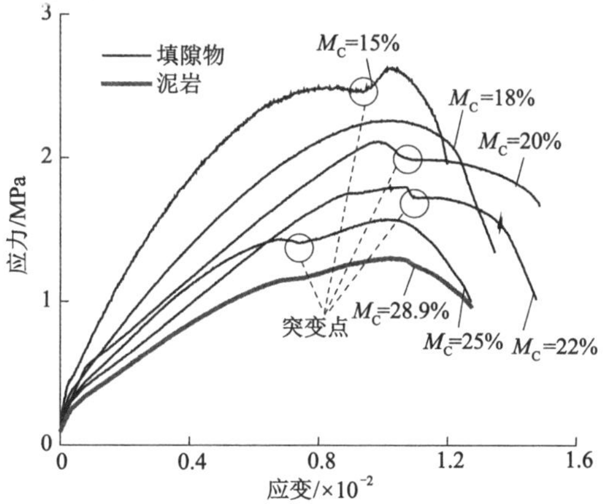

图 2-14　不同含水率的单轴压缩应力-应变曲线

试样的单轴抗压强度随初始含水率的变化规律如图 2-15 所示。由图可知，陷落柱和泥岩的单轴抗压强度随初始含水率的增大而减小，单轴抗压强度和含水率存在近似线性关系：$y=4.00-0.096x$。综合分析泥岩和陷落柱填隙物的测试结果可以发现两者的密度、单轴抗压强度和渗透率都较为接近，并且存在相似的流变性和重塑性。

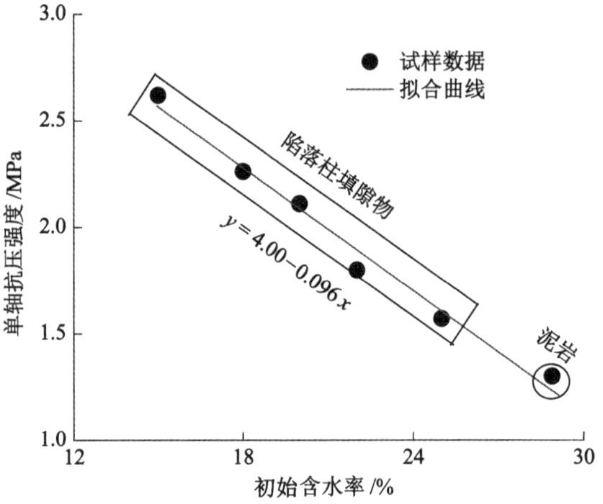

图 2-15　单轴抗压强度随初始含水率的变化曲线

综上所述，陷落柱填隙物表现出了软岩的应力-应变-渗流特性，其各项指标均与泥岩相似。

2.4.2　围压对全应力-应变渗流的影响

当初始固结含水率为 20%、围压为 2～6 MPa 时，试样的全应力-应变过程的渗透率变化曲线如图 2-16 所示。

由图 2-16 可以看出，围压对试样的应力和渗透率影响主要表现为以下几点：

(1) 全应力-应变过程中渗透率峰值随围压增大而减小。围压由 2 MPa 增加至 6 MPa 时，试样的最大渗透率由 19.20×10^{-16} m^2 减小至 10.20×10^{-16} m^2。渗透率与围压的拟合结果如图 2-17 所示。由图 2-17 可以看出，指数函数拟合的相关程度很高(拟合相关系数为 0.99)，渗透率峰值比随着围压差的增大而呈现出指数函数形式的减小。这可能是由

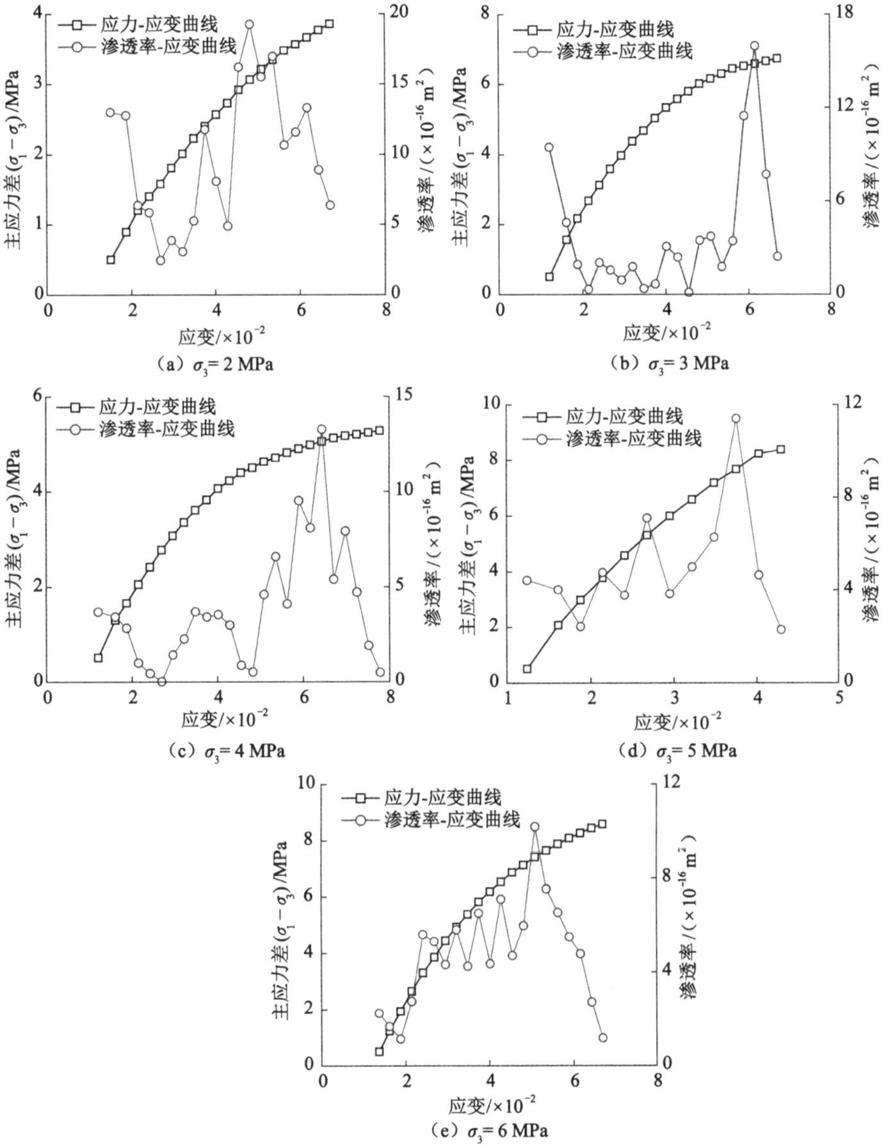

图 2-16　不同围压的全应力-应变过程的渗透率变化曲线

于在三轴状态下，试样的体积变形随着围压的增大而增大，而渗透率随空隙体积减小而减小。Dong 等[199]也提出岩石的渗透率比与围压差存在指数函数关系，与本书的拟合结果一致，其指数函数表达式为：

$$k = ak_0 \exp[-\gamma(p_e - p_0)] \tag{2-18}$$

式中：k_0、p_0 分别为初始渗透率和围压，本书取值为 $10.20\times10^{-16}\ m^2$ 和 2 MPa；k 代表围压为 p_e 时的渗透率；a、γ 为材料参数，本书取值分别为 1.85和 0.16。

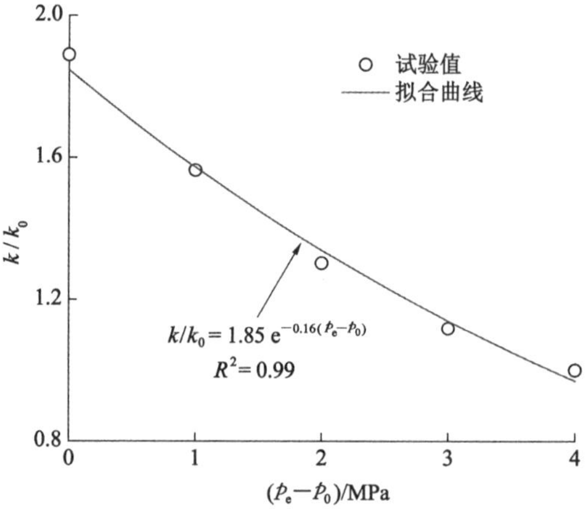

图 2-17　渗透率与围压拟合关系

(2) 全应力-应变过程中的渗透率峰值出现在应力峰前。试验中，样品的压缩变形较大(最大轴向位移 6 mm)，由于试验方法的限制(如继续增大位移会发生围压和渗透压贯通，无法继续试验)，无法取得试样的应力峰值。但可以明显观察到，随着应力和应变的增大，渗透率达到最大值后呈现出减小的趋势，破坏段的渗透率最大值即为渗透率峰值。造成渗透率峰值出现在应力峰值前的原因可能为：最初，空隙体积减小是引起渗透率变化的主要原因，渗透率逐渐减小；然后，随着应力、应变的增大，裂隙的扩展和贯通对渗流的影响较大，渗透率逐渐增大至峰值；最终，由于陷落柱填隙物的蠕变性和重塑性，空隙体积减小，裂隙闭合，应力进一步增大，渗透率减小，渗透率峰值出现在应力峰值前。

2.4.3　含水率对全应力-应变渗流的影响

当试验围压为 3 MPa，试样的初始含水率分别为 15%、18%、20%、22%和 25%时，全应力-应变过程渗透率的变化曲线如图 2-18 所示。

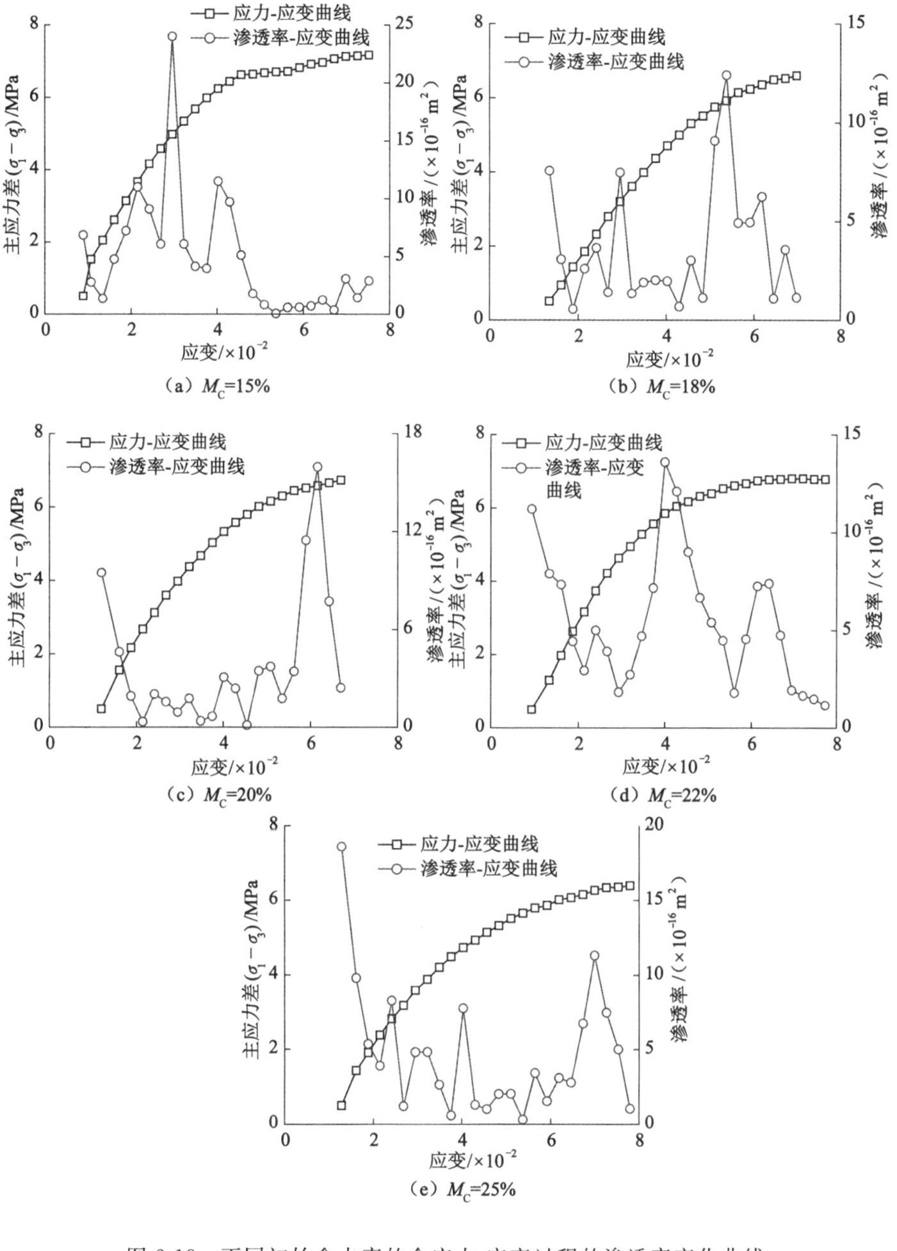

(a) M_C=15% (b) M_C=18% (c) M_C=20% (d) M_C=22% (e) M_C=25%

图 2-18 不同初始含水率的全应力-应变过程的渗透率变化曲线

分析图 2-18 可知：

（1）渗透率的初始值随着初始含水率的增大而增大。这是由于试样的孔隙度随着初始含水率的增大而增大。不同初始含水率试样的 p-s 曲线见图 2-4，由图可知，在同一加载等级，压缩量和孔隙度随着初始含水率的增加而增大。以初始含水率为 25％和 15％的试样为例，对压缩量和孔隙度的变化规律进行对比说明：假设两种试样中填隙物质量相同，当达到最大加载等级时，25％和 15％的试样的压缩量分别为 24.95 mm 和 20.83 mm。初始含水率为 25％和 15％的试样未加载时的含水率差约为 10％，加载至最大荷载时，25％的试样的含水率仍然比 15％的试样的含水率大约 3％，即烘干后 25％的试样的孔隙度大于 15％的试样的孔隙度。

（2）渗透率峰值与初始值的差随着初始含水率的增大而减小。这可能是由于在应力作用下，随着初始含水率的增大，填隙物试样的内部结构变化从主要表现为裂隙贯通和扩展向空隙体积减小过渡。渗透率初始值和峰值随试样的初始含水率的变化曲线如图 2-19 所示，由图可知，初始含水率较小的试样初始孔隙度较低，在应力作用下主要表现为裂隙贯通和扩展，初始含水率为 15％的试样渗透率峰值远大于初始值；初始含水率较大的试样初始孔隙度较高，在应力作用下主要表现为空隙体积减小，初始含水率为 25％的样品的渗透率峰值小于初始值。

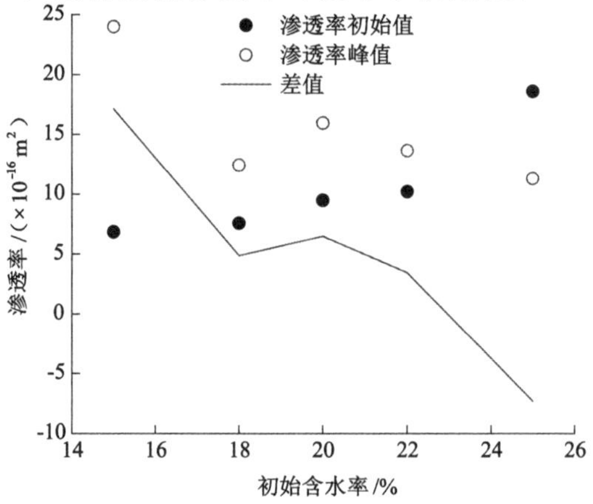

图 2-19　渗透率初始值和峰值随初始含水率的变化曲线

2.5　本章小结

为研究陷落柱填隙物的渗透特性，本章通过固结试验方法对填隙物样品进行固结重塑，并分别利用MTS815.02渗流试验系统测试其渗流特性及全应力-应变过程的渗流特性，得出以下结论：

(1) 陷落柱填隙物的渗透率随着固结压力的增大和初始含水率的减小而减小。试样的固结压力从1 MPa增大至6 MPa时，渗透率从1.57×10^{-15} m^{2}减小至1.36×10^{-16} m^2，减小了91.3%；初始含水率从25%降低至15%时，渗透率从1.05×10^{-15} m^{2}降低至4.88×10^{-16} m^2，降低了53.5%。填隙物渗流规律变化的本质是其孔隙度的变化。随着固结压力的增大和初始含水率的减小，填隙物孔隙度呈现减小的趋势，填隙物的渗透率比值和孔隙度比值存在幂函数关系，材料参数b取值在9～10。

(2) 利用Irmay公式进行非达西流渗透率的计算，并对试样的有效孔隙度进行讨论：有效孔隙度所占的比例很小，只有10^{-10}～10^{-9}量级，而通过压汞试验测得样品的孔隙度处于0.19～0.29，无效孔隙度n_0几乎等于孔隙度n，绝大多数孔隙为无效孔隙。

(3) 陷落柱填隙物全应力-应变过程渗透率的变化曲线可划分为压密段、破坏段和蠕变段，全应力-应变过程中渗透率呈现出减小—增大—减小的变化规律。填隙物与灰岩和泥岩全应力-应变过程中的渗透率和应力峰值及其峰值关系方面的渗流特性对比分析结果显示：陷落柱与泥岩填隙物渗流特性相似。

(4) 填隙物的全应力-应变过程的渗透率峰值随围压的增加而减小，其渗透率峰值比与围压差存在指数函数关系。其原因可能是体积应变随围压的增大而增大，填隙物试样中的空隙体积和渗透率随之减小。填隙物试样的初始渗透率与初始孔隙度随初始含水率的增大而增大，渗透率比和孔隙度比存在幂函数关系。全应力-应变过程中，试样的渗透率峰值与初始值的差随初始含水率的增大而减小。

3 陷落柱填隙物采动状态的渗流特性研究

本章在现场进行取样，根据实际采场扰动后的破碎岩体各尺寸岩块的质量比配比破碎岩体试样，利用自行研制的破碎岩体渗透性试验系统，分析孔隙度、渗流边界、颗粒流失质量等因素对陷落柱渗流突变的影响，讨论破碎岩体渗流突变中非达西流 β 因子的意义，研究隐伏陷落柱的渗流突变机理。

目前对矿井水害滞后突水机理的研究主要集中在底板破坏的时间效应方面，对采动影响下断裂构造的导水、突水滞后机理方面的研究则相对较少。然而，陷落柱水害的导水通道通常是由煤层底板和陷落柱柱体共同组成的，部分陷落柱甚至可以直接成为煤层和含水层间的导水通道。故本章基于采动影响陷落柱的应力变化规律和陷落柱采动状态的渗流特性测试结果，分析原岩应力—应力集中—应力释放过程中陷落柱的渗透率、启动压力梯度的变化规律，研究陷落柱渗流特性的演化机制，解释陷落柱的滞后突水机理，可为防治陷落柱水害提供一定理论依据。

3.1 试验仪器及方法

3.1.1 试验样品

司马煤矿位于山西省长治市南郊，属于沁水盆地辛安泉流域，2006

年投入生产，设计产量为 300 万 t/a。可采煤层主要为 3# 和 15# 煤层，目前主采煤层为 3# 煤层，共分为三个采区。一、二采区 3# 煤层开采已经基本结束，三采区未布置工作面，预计在 5～10 a 内完成 3# 煤层开采。

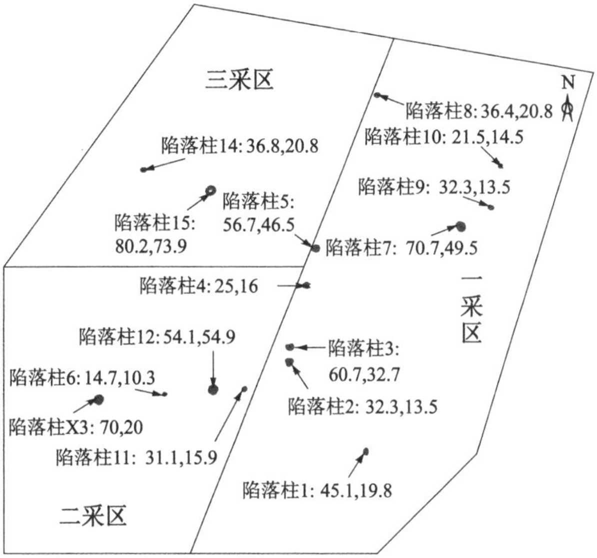

图 3-1　陷落柱分布图

司马煤矿实际揭露陷落柱分布如图 3-1 所示，图中陷落柱后数字分别代表长、短轴直径，单位为 m。由图可知：实际揭露陷落柱 15 个，其中一、二、三采区分别揭露 9 个、4 个和 2 个，其形态均为椭圆形或近似圆形。目前，未因陷落柱而引发突水事故，且除陷落柱 X3（图 3-2）外皆不充水。一、三采区水文地质条件相对简单，陷落柱基本处于胶结状态，二采区水文地质条件相对复杂，陷落柱胶结较差。陷落柱 X3 为司马煤矿已揭露最具突水危险性的断裂构造，具有以下三个特点：

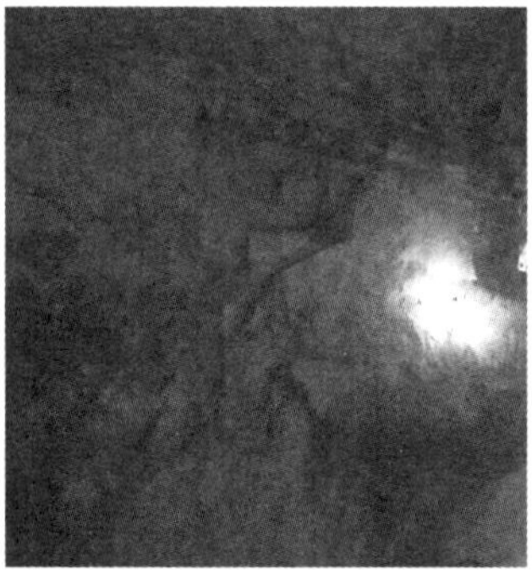

图 3-2　陷落柱 X3

(1) 位于司马井田最深处突水系数最高区域；

(2) 胶结程度差,易成为奥灰水的垂向导水通道;

(3) 内部充水,巷道掘进中出现顶板淋水现象。

因此,在陷落柱 X3 进行取样具有代表性的意义。

样品的质量配比如表 3-1 所列,由于通常试样的最大直径取缸筒直径的 1/5[200],而试验的渗流系统的内径为 100 mm,取样品的最大粒径为 20 mm,共分 7 个粒径范围(<2.5 mm,2.5~5 mm,5~8 mm,8~10 mm,10~12 mm,12~15 mm,15~20 mm),通过 2.5~20.0 mm 的圆孔筛进行筛分后,根据各粒径样品的质量比完成样品的配制。

表 3-1 样品质量配比

粒径/mm	质量比/%	试样质量/g
<2.5	16.8	335.3
2.5~5	11.6	232.1
5~8	17.8	357.4
8~10	9.2	183.6
10~12	12.0	239.0
12~15	12.1	242.2
15~20	20.2	410.3
总计	100.0	2 000.0

注:数值为保留一位小数结果。

3.1.2 试验仪器

陷落柱采动状态渗流特性试验采用自行设计的破碎岩体渗透性试验装置(如图 3-3 所示),该装置由加载系统、加压系统、渗流系统和数据采集系统组成。

为了加载精确,加载系统采用中国矿业大学 MTS816 伺服试验机,如图 3-3(a)所示。

加压系统如图 3-3(b)所示,由压头、储油室和储水室等组成,储油室和储水室由压头底部的活塞隔开。进油口与油泵相连,利用油压作用下的活塞运动将水从底部出水口压出,通过管路与渗流系统的快速接头相

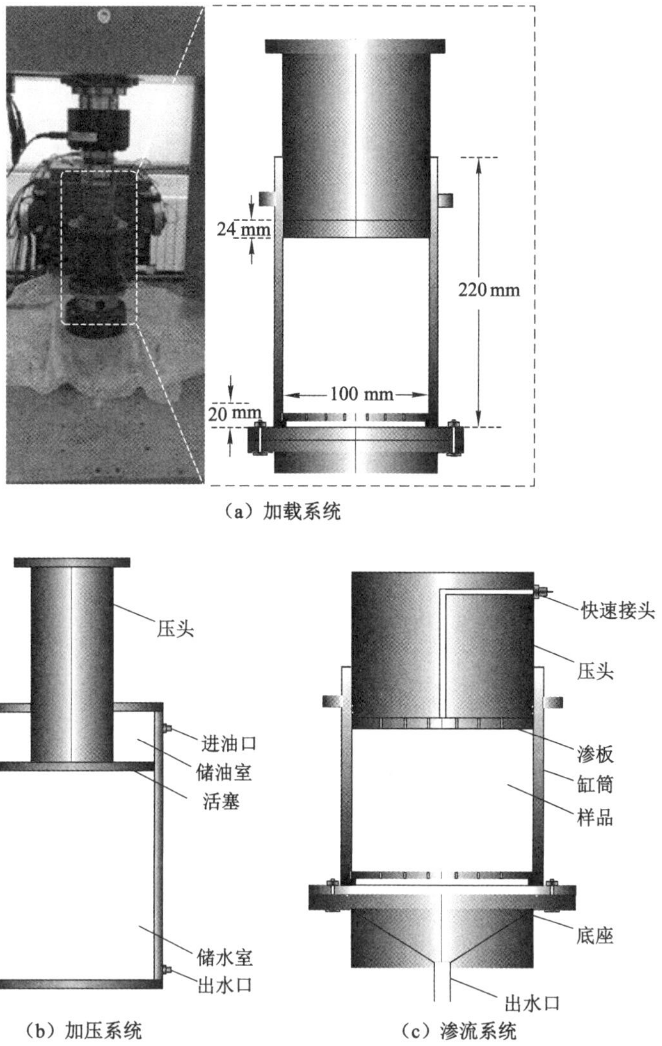

图 3-3　渗透性试验装置

连，为渗流试验提供渗透压差。水压和油压的转化表达式为：

$$p_w = A_o p_o / A_w \tag{3-1}$$

式中：p_w、p_o 分别为水压和油压；A_o、A_w 分别为活塞顶底部的面积，两者比值为 0.471。

试验中，保持渗透压差为 0 至样品饱和(约 1～2 min)，然后调节渗透压差为 0.5 MPa 进行试验。

渗流系统如图 3-3(c)所示，由缸筒、压头和底座等组成。压头上的快速接头与加压系统的出水口相连(压力传感器位于快速接头前)，水流经顶部渗板均布加压至样品顶部，经底部渗板和出水口流至电子天平上的量杯，由电子天平采集出水质量。在底部渗板下增加钢圈防止渗板与底座间的空间过小而影响渗流。

数据采集系统由水压力传感器、无纸记录仪、电子天平和电脑等组成。渗透压差和流速的数据采集分别由压力传感器和电子天平完成，并通过无纸记录仪和电脑完成数据的记录、储存和处理。其中电子天平可以采集实时的出水质量，转化为流速。

3.1.3 试验方法

试验流程如图 3-4 所示，主要分为以下步骤：

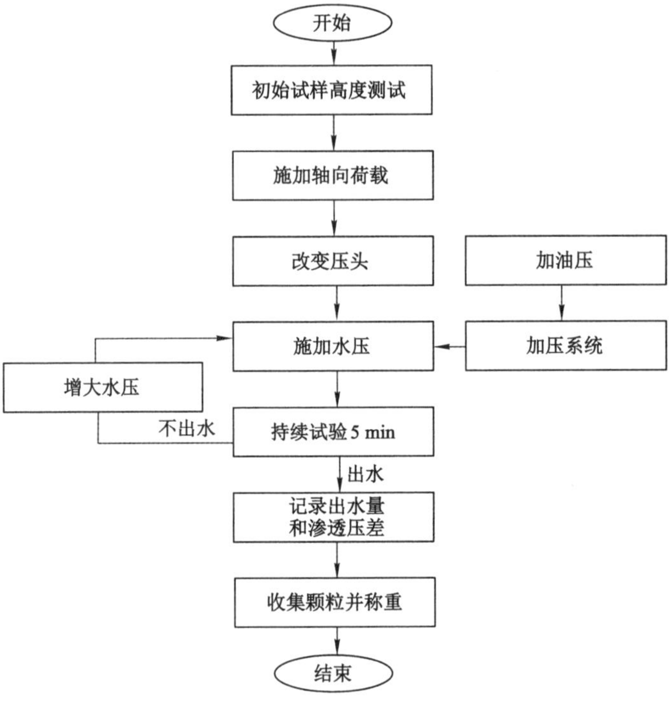

图 3-4 试验流程图

(1) 试验准备

包括试验设备间管路的连接和密封,传感器、无纸记录仪、电子天平等的调试。

(2) 试样有侧限单轴压缩

本章共进行了2大组试验,分别用于陷落柱突变性和滞后性的讨论。第1组试样轴向压力(以下简称轴压)为1～6 MPa(荷载7.85～47.10 kN),第2组轴压为6～16 MPa(荷载47.10～125.60 kN)。有侧限单轴压缩的荷载-位移曲线如图3-5所示,拟合表达式为:$y=0.83e^{0.096x}$,$R^2=0.99$。

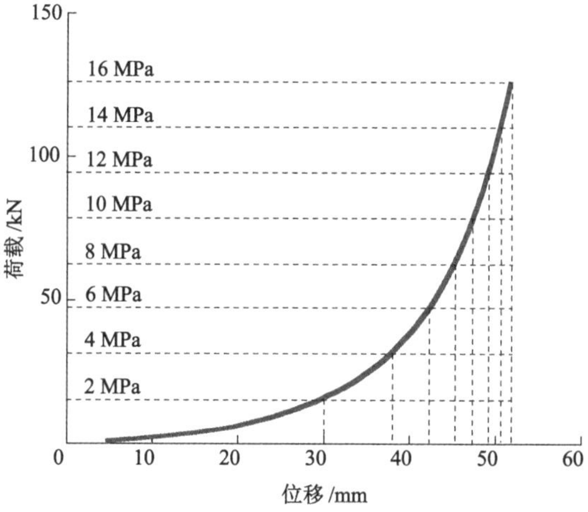

图3-5 有侧限单轴压缩的荷载 位移曲线

(3) 变化压头和施加水压

有侧限单轴压缩完成后,改变试样顶部压头(为了防止试样顶部压头堵塞,在单轴压缩过程中采用无孔压头,单轴压缩完成后换为有孔压头),并重装试样底部底座[为了便于收集颗粒和防止底座对渗流的影响,采用如图3-3(c)所示的锥形底座],重新将试样加载至固定位移,连接快速接头,利用如图3-3(b)所示的加压系统为试样加压。

第1组试样在单轴压缩后直接改变压头和底座,重新加载至原有荷载(改变压头和底座过程中,试样的位移基本保持不变);第2组试样在单轴压缩后从缸筒中取出样品,测量其配比变化后,改变压头和底座并重新加载至1 MPa。

（4）调节水压

以 0.002 MPa/ min 的速率调节水压至试样出水，并揭露当前水压，由于试样底部与空气连通，考虑试样底部水压为 0，试样两端的渗透压差即为顶部水压。

（5）流速测试

通过电子天平记录出水量的实时数据。试验中按等间隔（1 s）采集质量的时间序列，通过差分法，根据质量变化计算流速，其表达式为：

$$v_{t=i} = (m_{t=i} - m_{t=i-1})/(\rho_w A_s) \tag{3-2}$$

式中：m 为出水质量；v 为流速；A_s 为缸筒的截面积；ρ_w 为水的质量密度。

（6）颗粒收集

第 1 组试验由于要研究颗粒流失对渗流突变的影响规律，因此在试验中通过 150 目滤网收集流失颗粒，收集后放入烘干箱烘干称重。

3.2 试验结果分析

3.2.1 孔隙度对渗透率的影响

陷落柱的渗流特性主要包括渗透率和启动压力梯度等，本节从渗透率和启动压力梯度两方面对陷落柱破碎岩体渗透率试验结果进行分析。

以 6 MPa 轴压作用下的陷落柱试样为例说明渗透率的计算方法。该陷落柱试样的出水量和渗透压差随时间变化曲线如图 3-6 所示。由图可知，可以将出水量随时间变化曲线划分为 3 个阶段：加速段、稳定段和衰减段。在加速段，流速随时间逐渐增大；在稳定段，流速基本保持不变；在衰减段，流速缓慢减小。为了便于比较不同轴压作用下试样的渗透率变化规律，统一将各组试验稳定段的流速和渗透压差代入达西定律计算渗透率（试验中稳定段的渗透压差和流速基本保持不变）。

试样的初始高度为 170.36 mm。假设图 3-3(a)中的压头只发生垂直移动，破碎岩体间空隙连通，样品的孔隙度表达式[201]为：

$$\varphi = \frac{A_s h - V_b}{A_s h} \tag{3-3}$$

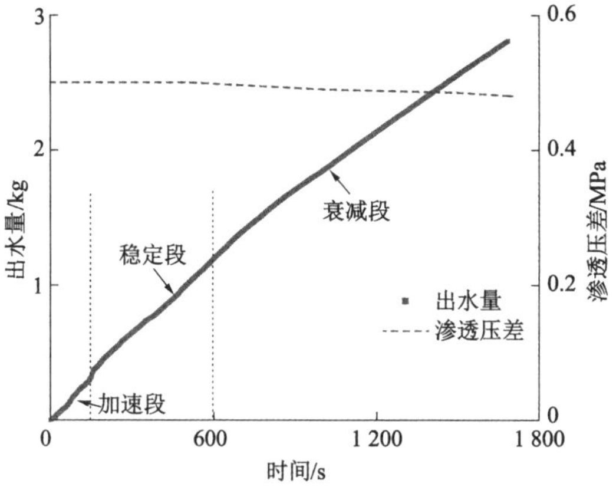

图 3-6 出水量和渗透压差随时间变化曲线

式中：φ 为孔隙度；h 为试样高度，m；A_s 为缸筒截面积，取值为 $7.85\times10^{-3}\ m^2$；V_b 为样品体积，排水法测得试样体积为 $8.13\times10^{-4}\ m^3$。

单轴压缩过程中位移、孔隙度和渗透率的变化如表 3-2 所列。渗透率和孔隙度随轴压的变化曲线如图 3-7 所示。由图 3-7 和表 3-2 可知：试样的渗透率和孔隙度随着轴压的增大均呈现出非线性减小的趋势，轴压从 2 MPa 增大到 16 MPa，试样的渗透率从 $2.90\times10^{-13}\ m^2$ 减小到 $5.96\times10^{-15}\ m^2$，同时孔隙度相对应地从 0.264 减小到 0.127。造成这种现象的原因可能为：随着轴压的增大，破碎岩体试样逐渐压密挤实，孔隙度和孔喉直径减小，渗透率随之减小。

表 3-2 单轴压缩过程位移、孔隙度和渗透率的变化规律

轴压/MPa	2	4	6	8	10	12	14	16
位移/mm	29.72	37.79	42.25	45.12	47.31	49.05	50.46	51.68
孔隙度	0.264	0.219	0.192	0.173	0.158	0.146	0.136	0.127
渗透率/($\times10^{-15}\ m^2$)	290.00	56.00	26.00	19.00	12.10	8.50	7.03	5.96

试样的启动压力梯度随轴压的变化曲线如图 3-8 所示。由图 3-8 可知：试样的启动压力梯度随着轴压的增大而增大。轴压从 2 MPa 增大到 16 MPa，试样的启动压力梯度从 0.71 MPa/m 增大至 20.73 MPa/m，且

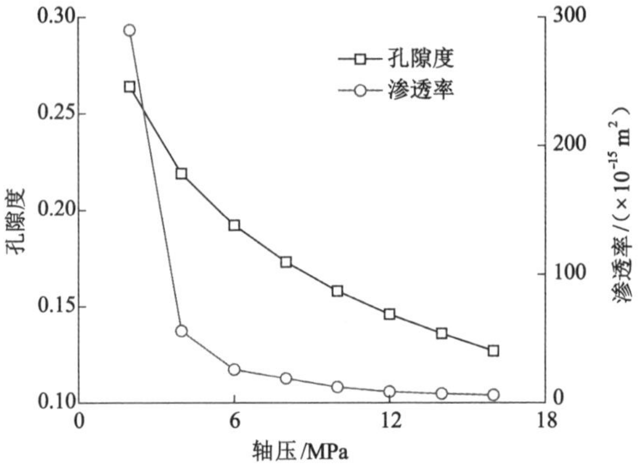

图 3-7　渗透率和孔隙度随轴压变化曲线

启动压力梯度与轴压存在近似线性的关系，拟合表达式为：$P_0=1.56\sigma-3.96$，$R^2=0.98$。

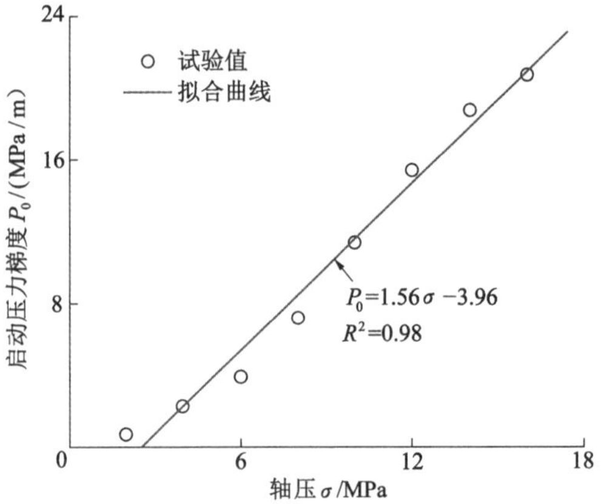

图 3-8　启动压力梯度随轴向压力的变化曲线

3.2.2　分形维数对渗透率的影响

破碎岩体在应力集中状态下发生二次破坏，而破碎岩体的分形维数是破碎程度的表征，引入岩石的分形理论对应力释放后破碎岩体渗流特性进行描述。岩石的分形理论主要是通过分形维数和无标度区间来描述岩体破碎过程的统计自相似性特征，自创立后便被引入岩石破碎学的研究领域[202-204]，并被用来评价岩、矿破碎方法。假设破碎岩石为不同半径的小球，一般情况下，破碎岩石遵循一定的质量频率分布：

$$\frac{M(R)}{M}=1-\exp\left(-\frac{R}{\overline{R}}\right)^{b} \tag{3-4}$$

式中：$M(R)$为直径小于 R 的碎石质量；M 为碎石的总质量；$\overline{R}$ 为碎石平均尺寸。

当 $R/\overline{R}\ll 1$ 时，式(3-4)化简为$\frac{M(R)}{M}=\left(-\frac{R}{\overline{R}}\right)^{b}$，故有：

$$\frac{\mathrm{d}M(R)}{\mathrm{d}M}\propto R^{b-1} \tag{3-5}$$

由分形基本理论可知，$(R)\propto R^{-D}$，即有 $\mathrm{d}N(R)/\mathrm{d}N\propto R^{-D-1}$，其中 $N(R)$为尺寸小于 R 的碎石数量，且 $\mathrm{d}M(R)\propto R^{3}\mathrm{d}N$，$D$ 为岩石分形维数。结合式(3-5)可导出：

$$D=3-b \tag{3-6}$$

式中：b 是双对数坐标系下 $M(R)/M$-R 的斜率。

以 6 MPa 轴压下的陷落柱试样为例说明分形维数 D 的计算方法。二次破坏后的 $\log_{10}[M(R)/M]$-$\log_{10}R$ 最小二乘法线性回归曲线如图 3-9所示，拟合曲线的相关指数为 0.999，表明拟合结果良好。拟合曲线表达式为：$y=0.533x$ | 0.933，即 $b-0.533$，代入式(3-6)有，$D=2.467$。不同轴向荷载二次破坏后的分形维数计算结果如表 3-3 所列。

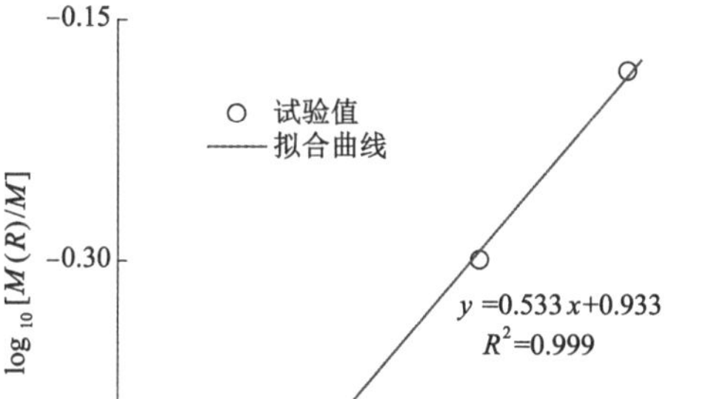

图 3-9　最小二乘法线性回归曲线

陷落柱在应力释放后的分形维数、渗透率和启动压力梯度如表 3-3 所列。

表 3-3　二次破坏后的分形维数、渗透率和启动压力梯度

轴向荷载/MPa	6	8	10	12	14	16
D	2.467	2.489	2.490	2.498	2.520	2.520
$k/(\times 10^{-15}\ m^2)$	139.00	101.70	50.50	37.60	27.70	8.20
P_0/(MPa/m)	0.563	0.643	0.833	1.045	1.287	1.743

试样的渗透率随分形维数的变化规律如图 3-10 所示。由表 3-3 和图 3-10可以看出：试样的渗透率随着分形维数的增大而减小。当破碎岩体在有侧限单轴压缩的作用下发生二次破坏，破碎岩体的破碎程度随着轴压的增大而增大，小颗粒增多，分形维数增大。而在同样的轴压(1 MPa)条件下，试样破碎程度越大渗透率越小。

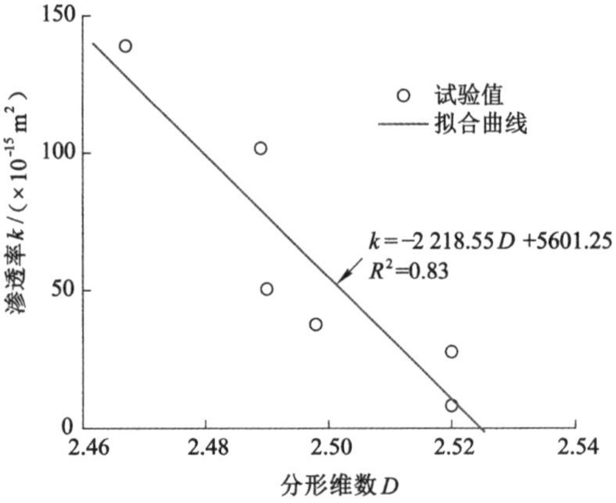

图 3-10　渗透率随分形维数的变化曲线

试样的启动压力梯度随分形维数的变化曲线如图 3-11 所示。分析图 3-11 可知，试样的启动压力梯度随分形维数的增大而增大。但对比图 3-9 可知，在单轴压缩作用下产生二次破坏后，试样的启动压力梯度出现了显著的减小。

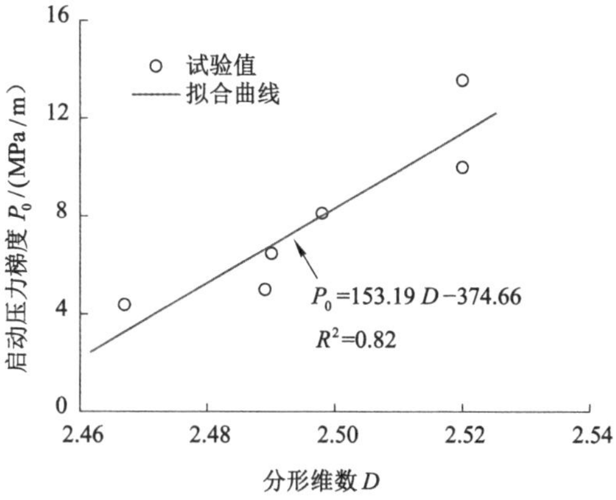

图 3-11 启动压力梯度随分形维数的变化曲线

3.3 陷落柱突水的突发性和滞后性的讨论

陷落柱是我国华北地区的一种特殊地质构造，其引发的水害具有滞后性和突发性的特点，探查难度高，为矿井水害的防治工作带来了极大的困难。徐州张集煤矿、开滦范各庄煤矿、乌海骆驼山煤矿等陷落柱突水事故从工作面或巷道揭露陷落柱到最终发生突水经历了 1～3 个月的滞后期，然而从涌水量明显增大至最大仅历经 10～24 h，最大涌水量均超过了 1 0000 m^3/h。中华人民共和国成立至今，陷落柱突水造成了大量的经济损失和人员伤亡。因此本节重点对陷落柱突水的突发性和滞后性进行讨论。

3.3.1 突发性的讨论

第 1 组试验现象表现为两种，未发生渗流突变和发生渗流突变。基本特征如下：

(1) 未发生渗流突变

未发生渗流突变的试验中，最初 1～5 min 出水颜色为黑色，接下来的 1～3 min 逐渐变为黄色，最后变为清水。在水色为黑色和黄色时，微小颗粒从破碎岩体中流失，流失颗粒直径绝大多数小于 0.1 mm(150 目滤网上基本未见颗粒)。在试验中，流失颗粒的总质量通常为 10～80 g，流速基本保持不变，略微有所减小，渗透压差有小幅度降低(0.02 MPa 左右)。

未发生渗流突变的出水量和渗透压差随时间变化曲线如图 3-12(a)所示。从图 3-12(a)中可以看出，未发生渗流突变的试验中，出水量随时间的变化曲线可划分为加速段、稳定段和衰减段三个阶段。在加速段，流速随时间逐渐增大，出水颜色为黑色，颗粒逐渐从试样中流失；在稳定段，流速基本保持不变，出水颜色为黄色，试样顶部的颗粒向底部迁移，底部颗粒流失，顶部迁移和底部流失的速率基本保持不变；在衰减段，流速减小，出水基本为清水，试样内部的颗粒运动主要表现为顶部颗粒向底部迁移，底部的颗粒流失量小于顶部迁移量，试样底部的渗透率小于顶部。

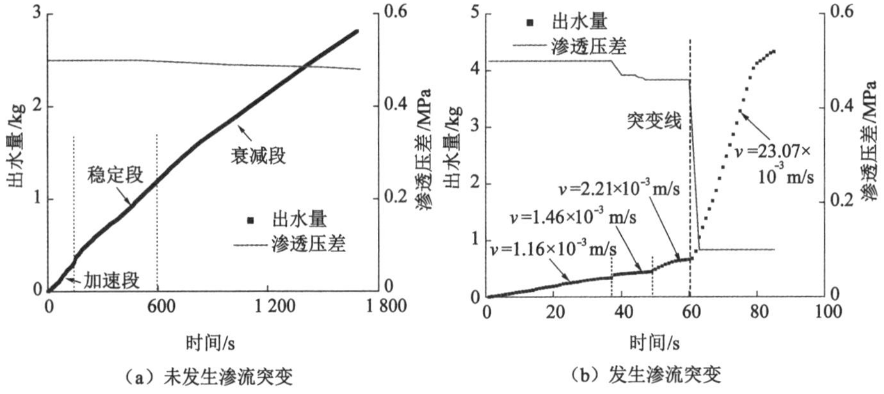

图 3-12　出水量和渗透压差随时间变化曲线

(2) 发生渗流突变

在发生渗流突变的试验中，最初出水颜色为黑色，若此期间不发生渗流突变，最长可持续 5 min；然后，随着小颗粒的流失，出水颜色反复变深(黑色)变浅(黄色)；最后，流速明显增大，并伴随有大颗粒(颗粒直径2.5 mm)流失，试样的骨架结构发生失稳，渗透压差迅速减低至约 0.1 MPa，可以推测已经发生渗流突变。另外，在流速迅速增大前，还会出现进水管抽动，流速产生波动的现象。试验中渗流突变发生与否如表 3-4 所列。

表 3-4 破碎岩体渗透性测试试验结果

轴压/MPa	渗板孔隙直径/mm				
	2.5	5.0	7.5	10.0	12.5
1	—	—	√	√	√
2	—	—	—	√	√
3	—	—	—	—	√
4	—	—	—	—	√
5	—	—	—	—	—
6	—	—	—	—	—

注："√"代表发生渗流突变，"—"代表未发生渗流突变。

发生渗流突变的出水量和渗透压差随时间变化曲线如图 3-12(b)所示。分析图 3-12(b)可知，最初 37 s 渗流较为稳定，平均流速为 1.16×10^{-3} m/s，渗透压差保持不变；在 37～61 s，渗透压差降低了 0.05 MPa，流速逐渐增大并在 37 s 和 48 s 产生波动，其中 37～48 s 和 48～61 s 的平均流速分别为 1.46×10^{-3} m/s 和 2.21×10^{-3} m/s；在 61 s 时发生渗流突变，流速迅速增大到 23.07×10^{-3} m/s，渗透压差迅速降低至 0.1 MPa。

陷落柱底部发育于奥陶系中统石灰岩，顶部常隐伏于煤层底板下，容易成为隐伏垂向导水通道。陷落柱渗流的影响因素很多，包括柱体的骨架结构的压密程度、岩性和配比[205]，含水层的水压[206]和采动影响[207]等。在采动影响下，煤层底板发生破坏，若底板导水裂隙与隐伏陷落柱连通形成导水通道(图 3-13)，则容易引发底板突水事故，因此研究陷落柱与底板裂隙共同作用下的渗流规律具有十分重要的意义。

在室内试验中，通过改变渗流系统中的底部渗板(图 3-14)孔隙直径构建不同的渗流边界，模拟采动影响下底板的导水裂隙发育情况。渗板的孔隙直径分别为 2.5 mm、5.0 mm、7.5 mm、10.0 mm 和 12.5 mm。

流速随渗板孔隙直径变化规律如图 3-15 所示，其中未发生渗流突变的流速为稳定段的平均流速，发生渗流突变的流速为突变后的平均流速。

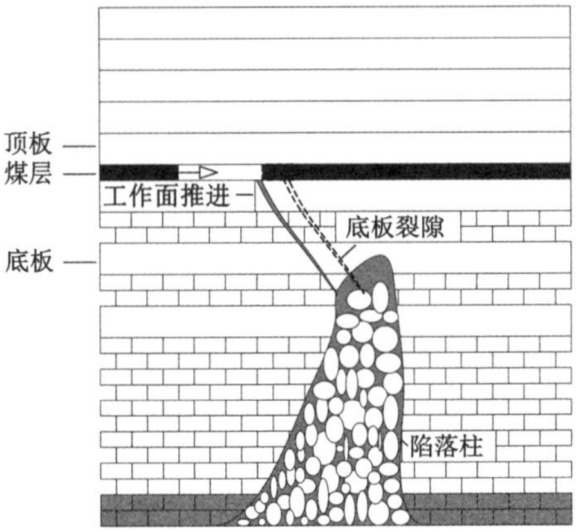

图 3-13　采动影响下隐伏陷落柱的导水通道

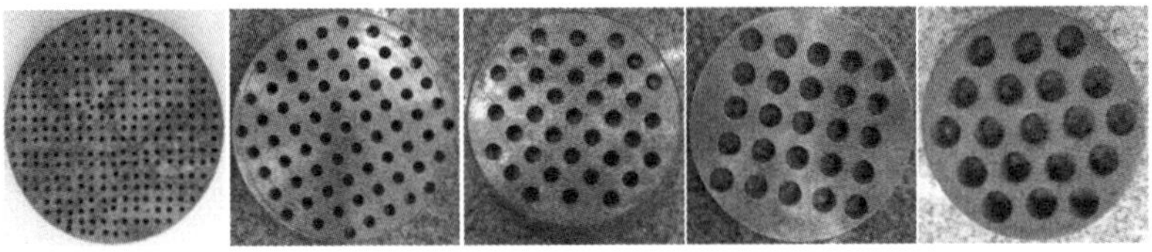

（a）2.5 mm　（b）5.0 mm　（c）7.5 mm　（d）10.0 mm　（e）12.5 mm

图 3-14　底部渗板

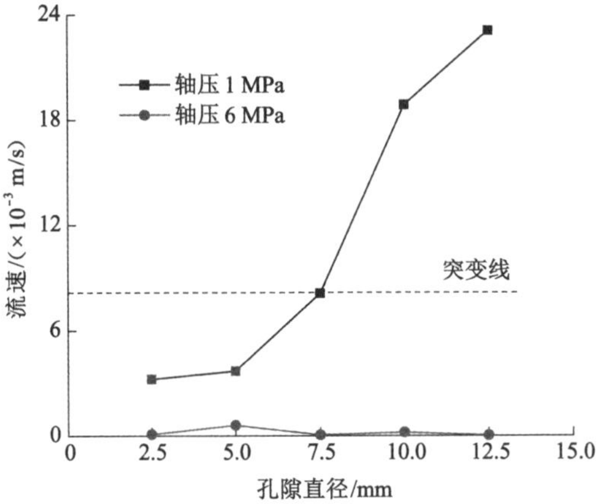

图 3-15　流速随渗板孔隙直径的变化规律

由图 3-15 可以看出：

(1) 渗板孔隙直径对渗流突变的发生和突变后的流速有显著的影响。轴压 1 MPa 的试样压实程度低，渗透率高，易发生渗流突变。但在渗板孔隙直径 2.5 mm 和 5.0 mm 的试验中，流速基本保持稳定，出水颜色变清后无颗粒流失，未发生渗流突变；在渗板孔隙直径为 7.5 mm、10.0 mm 和 12.5 mm 的试验中，出现了流速迅速增大的现象，发生渗流突变。孔隙直径从 7.5 mm 增大至 12.5 mm，突变段流速从 8.12×10^{-3} m/s 增大到 23.07×10^{-3} m/s，流速随着孔隙直径的增大而增大。

(2) 在未发生渗流突变的试验中，渗流孔隙直径的改变对流速无明显影响。轴压 1 MPa 两组未发生突变的试验中，流速分别为 3.23×10^{-3} m/s 和 3.68×10^{-3} m/s，与渗流突变发生后的流速相比变化较小。6 MPa 轴压的试样压实程度高，渗透率低，不易发生渗流突变，改变渗板孔隙直径不会导致渗流突变现象的发生；流速基本处于 10^{-4} m/s 数量级，改变渗板孔隙直径对流速的影响很小。

不同轴压条件下颗粒流失质量随渗板孔隙直径的变化规律如图 3-16 所示，从图 3-16 中可以看出：突变线上的试验发生渗流突变，颗粒流失质量不小于 140 g，并且均有大于 2.5 mm 的颗粒流失，所有流失颗粒的粒径范围为<2.5 mm、2.5～5 mm、5～8 mm 的总质量比为 61%、23% 和

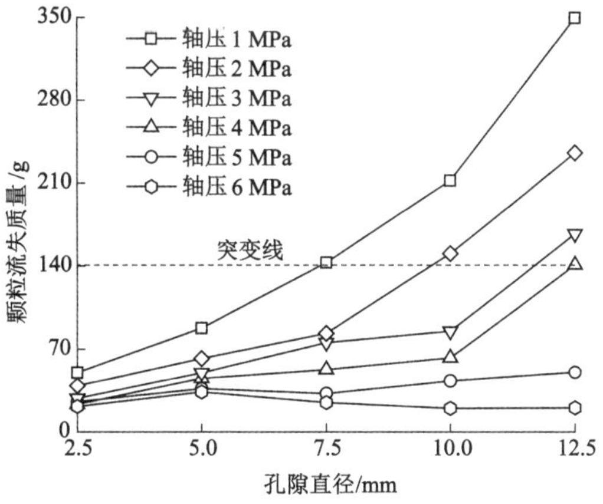

图 3-16 颗粒流失质量与渗板孔隙直径的关系

16%。突变线下的试验未发生渗流突变，流失颗粒的粒径均小于 2.5 mm，绝大部分可以通过 150 目滤网（0.1 mm）。由于试样的最大粒径为 20.0 mm，当大于 2.5 mm 的颗粒发生迁移时，会造成试样的骨架结构失稳。因此，骨架内部产生结构失稳是渗流突变现象发生的根本原因，只有部分小颗粒流失时不会改变试样的渗流状态。

通常采用雷诺数考察渗流场的渗流状态，其表达式为：

$$Re = \frac{\rho_w v d}{\mu} \tag{3-7}$$

式中：ρ_w 为水的质量密度，取 1×10^3 kg/m³；流速 v 在未发生突变试验的取值约为 5.00×10^{-4} m/s，发生突变的取值约为 1.50×10^{-2} m/s；d 为渗流特征尺寸，它与孔隙度 φ 的关系[189]为 $d\approx\varphi D$，D 为试样直径，取0.05 m，φ 取 0.25，则 d 值约为 0.012 5 m。

根据式(3-7)计算得出未发生突变的雷诺数约为 6.5，发生突变的雷诺数约为 187.5。一般认为雷诺数为 1～10 时为黏性力占优的层流运动，适于达西定律。因此，未发生渗流突变的试验采用达西定律计算渗透率，发生渗流突变试验的渗透率计算采用非达西流的福熙海麦（Forchheimer）方程计算，表达式为：

$$\frac{\partial p}{\partial h} = \frac{\mu}{k}v + \beta\rho_w v^2 \tag{3-8}$$

式中：k 为非达西流渗透率，m²；β 为非达西流因子，m^{-1}。二者的取值见表 3-5。

表 3-5　破碎岩体的非达西流渗透率 k 和因子 β

轴压/MPa	通道直径/mm					
	7.5		10		12.5	
	k/($\times10^{-12}$ m²)	β/($\times10^{3}$ m^{-1})	k/($\times10^{-12}$ m²)	β/($\times10^{3}$ m^{-1})	k/($\times10^{-12}$ m²)	β/($\times10^{3}$ m^{-1})
1	0.362	−0.330	0.527	−0.099	0.453	−0.094
2	—	—	0.250	−0.489	0.267	−0.247
3	—	—	—	—	0.154	−0.643
4	—	—	—	—	0.054	−2.322

下面对渗流突变发生过程中的非达西流 β 因子进行讨论。

(1) 非达西流 β 因子的正负

在渗流突变发生时，试验现象通常表现为渗透压差 p 迅速减小，流速 v 迅速增大。如果考虑试验中，试样高度 h 变化不大，式(3-8)等号左式 $\partial p/\partial h$ 减小；而由于渗透率 k、动力黏度系数 μ 和水的质量密度 ρ_w 大于 0，式(3-8)等号右式中 $\mu v/k$ 增大，$\rho_w v^2$ 也增大，只有非达西流 β 因子为负，才会出现式(3-8)等号右侧减小，保证式(3-8)两端相等。这表明非达西流 β 因子为负是渗流突变发生的必要条件。

由于渗透率 $k>0$，则 p-v 曲线只有图 3-17 中所示两种形式。由于试验中渗透压差 $p\geqslant 0$，显然非达西流 β 因子为正时，渗透压差 p 随流速 v 的增大呈现出非线性增大的趋势。而只有当非达西流 β 因子为负时存在渗透压差 p 随流速 v 增大而减小的现象。因此，非达西流 β 因子为负是渗流突变发生的充分条件。

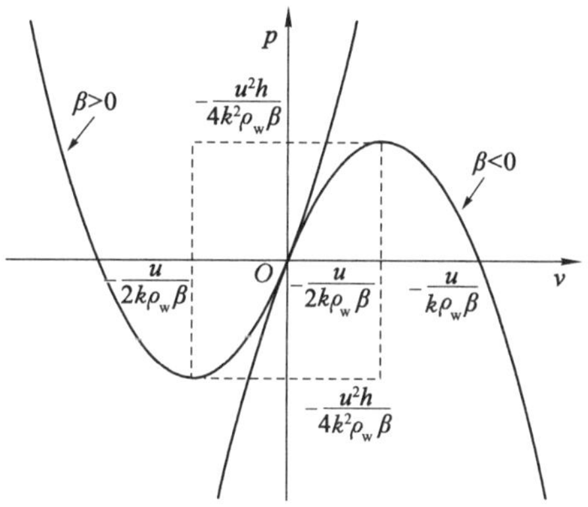

图 3-17　p-v 曲线图

综上所述，非达西流 β 因子为负值是渗流突变发生的充分必要条件。

(2) 非达西流 β 因子的大小

将式(3-8)看成渗透压差 p 和流速 v 的一元二次函数，则两根分别为 0 和 $-\mu/(k\rho_w\beta)$。由于渗透压差 $p\geqslant 0$，流速 v 取值范围为 $[0,-\mu/(k\rho_w\beta)]$。当非达西流 β 因子小于 0 时，随着非达西流 β 因子的增大，v 取值范围增大，渗流突变发生前后流速 v 的变化量增大，即非达西流 β 因子的大小决定渗流突变的剧烈程度。

3.3.2 滞后性的讨论

在采动影响下，工作面前方的围岩处于应力集中状态，目前一些学者已经对陷落柱影响下底板的应力集中系数进行了研究。王家臣等[208]通过 FLAC3D 数值计算软件对山西五阳煤矿工作面陷落柱进行研究，提出采动影响下底板的应力集中系数为 1.42～3.42。刘志军等[209]通过 ANSYS 数值模拟软件计算采动影响下陷落柱的应力场和渗流场的变化规律，在采场距离陷落柱 30～50 m 时，应力集中系数为 2.92～3.08。李振华等[210]对双柳沟煤矿陷落柱 X15 进行 FLAC3D 数值模拟研究，研究表明：采动影响下应力集中区处于工作面前方 5～10 m 区域，应力集中系数为 2.10～4.40。综上所示，采动影响下陷落柱的应力集中系数为 1.42～4.40。

司马煤矿二采区 1211 回风巷掘进过程中揭露陷落柱 X3，其周边钻探资料显示：陷落柱 X3 长轴直径约为 70 m，短轴直径为 20～30 m；物探资料显示陷落柱顶部约发育到 3# 煤层上 150 m。1211 回风巷的底板标高为 502～520 m，地表标高约为 945 m，煤层倾角约为 5°。由于司马煤矿上覆表土层较厚，认为上覆岩层和土层的平均密度为 2 200 kg/m^3，不考虑构造应力，按公式 $\sigma_z = \rho g H$ 计算，$\sigma_z = -9.56$ MPa。

为了进一步分析采动影响下陷落柱柱体内的应力变化，利用 FLAC3D 数值计算软件建立陷落柱的计算模型，长×宽×高＝300 m×150 m×100 m，陷落柱处于模型的 200～220 m 处，短轴直径为 20 m，长轴直径为 70 m。假设岩石各向同性、均质符合莫尔-库仑准则，四周和底部赋垂直约束，顶部赋 8.6 MPa 均布垂向荷载，不考虑构造应力的影响。各层岩性和网格划分如图 3-18 所示，各岩层的基本物理力学参数如表 3-6所示。在图 3-18 中从左向右开挖，共开挖 40 步，每次开挖 5 m。

在如图 3-18 所示剖面图内布置 25 个陷落柱垂向应力的监测点，在煤层底板下 20 m 范围内共布置 5 层，每层 5 个监测点，共 25 个，相邻监测点的间距为 5 m。原岩应力、开挖至距陷落柱 5 m 和推过陷落柱 30 m 后陷落柱内部的垂向应力分布如图 3-19 所示。

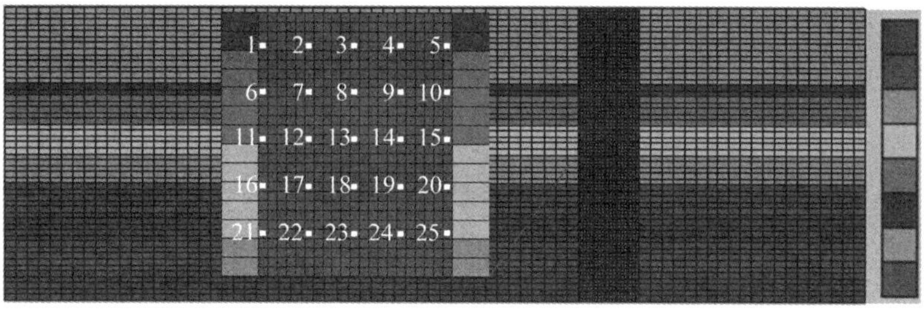

图 3-18 数值模拟模型图

表 3-6 各岩层的物理力学参数

岩性	密度 /(kg/m³)	体积模量 /GPa	剪切模量 /GPa	内聚力 /MPa	内摩擦角 /(°)	抗拉强度 /MPa
泥岩	2 360	6.500	3.500	4.10	28.0	2.1
砂岩	2 360	12.500	7.600	3.80	28.0	2.1
灰岩	2 560	17.000	13.100	5.50	36.0	2.7
砂质泥岩	2 360	8.500	4.700	2.50	30.0	2.3
泥质砂岩	2 650	9.000	7.100	3.00	32.5	2.5
煤	1 400	0.450	0.250	2.20	20.5	2.0
陷落柱	2 000	0.045	0.025	0.22	10.5	0.2

分析图 3-19 可知，在开挖前，陷落柱内部监测点 σ_z 的最大值为 −4.47 MPa，此时，陷落柱周边围岩 σ_z 的最大值为 −9.6 MPa，陷落柱内部的初始垂向应力 σ_z 远小于围岩。当工作面推进至距陷落柱左边界 5 m 处，陷落柱内部的应力集中达到最大，25 个监测点垂向应力 σ_z 平均值约为 −9 MPa，其中底板下 5 m 陷落柱左边界单元的垂向应力 σ_z 最大，达到 −15.3 MPa。由于陷落柱 X3 处于固结状态，未胶结成岩，在采动影响下陷落柱柱体内应力集中系数较低，以往研究结果显示：陷落柱的应力集中系数为 1.42～4.40，而陷落柱 X3 的应力集中系数为 2.01，与以往研究结果相符。工作面推过陷落柱 30 m 后，陷落柱内部应力释放，底板下 20 m 最大垂向应力 σ_z 仅为 −1.92 MPa。综上所述，工作面推进过程中，陷落柱内部经历了原岩应力—应力集中—应力释放的过程，应力集中系数为 2.01。

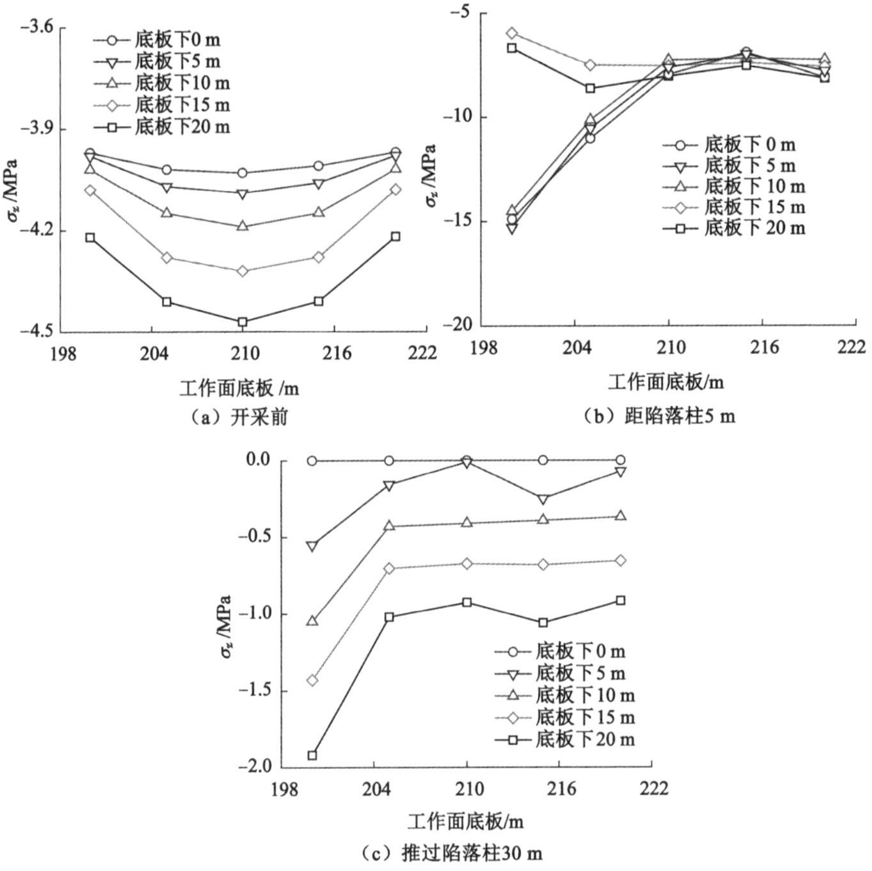

图 3-19　采动影响下陷落柱的应力变化规律

综合分析表 3-2、表 3-3 所示的破碎岩体渗流特性测试结果，结合图 3-19 所示的开采前后应力场变化规律，可以得到如图 3-20 所示的采动影响下陷落柱内渗透率的变化规律。图 3-20 中渗透率通过相邻两个渗透率试验数据点的线性拟合计算得到，并且认为相同埋深点采动影响下的最大应力相同。分析图 3-20 得出以下结论：

(1) 在煤层采动前后，陷落柱内的渗透率出现了先减小后增大的变化规律。以图 3-18 中陷落柱 11# 监测点为例进行说明。在采动前，该监测点的渗透率为 $58.34\times10^{-15}\ m^2$；当工作面推进至距陷落柱 5 m 处，渗透降至最低，为 $6.33\times10^{-15}\ m^2$；在应力释放后，渗透率恢复至 $15.03\times10^{-15}\ m^2$。

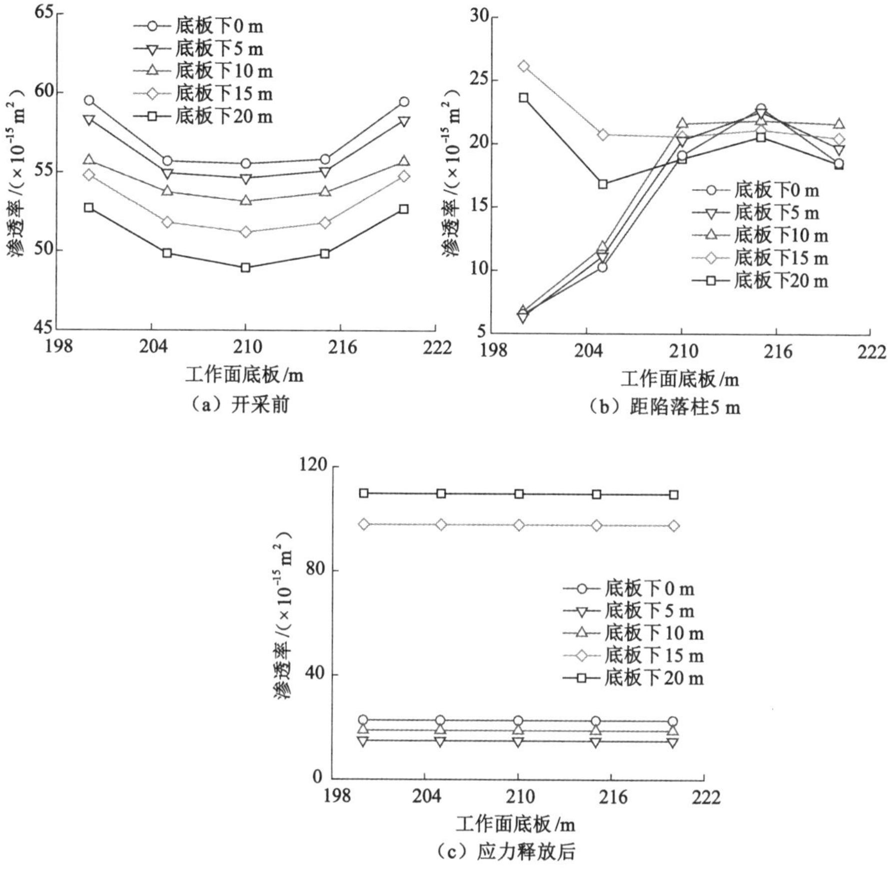

图 3-20　采动影响下陷落柱的渗透率变化规律

(2) 开采前,陷落柱的渗透率随埋深的增大而减小。其渗透率为 $48\times10^{-15}\sim60\times10^{-15}$ m^2,$3^{\#}$ 监测点与 $23^{\#}$ 监测点相比,渗透率减小了 6.4×10^{-15} m^2。这是主要由于应力随着埋深的增大而增大,压实作用导致柱体内破碎岩体间的空隙体积减小,渗透率随之降低。

(3) 当工作面推进至距陷落柱 5 m 处时,柱体内出现应力集中现象,渗透率降低至 $6\times10^{-15}\sim20\times10^{-15}$ m^2,最大影响区域位于工作面前方 5～10 m 底板下 0～10 m 处,此区域内渗透率降低至 $6\times10^{-15}\sim12\times10^{-15}$ m^2,为采动前的 1/8～1/5。

(4) 当应力完全释放后,底板下 15～20 m 的范围内渗透率增大至约

$100\times10^{-15}\ m^2$，大于采动前的渗透率；而底板下 0～10 m 的渗透率保持在 $20\times10^{-15}\ m^2$ 左右，仍然小于开采前的渗透率。导致这种现象的原因可能是：从应力集中到应力释放，陷落柱中破碎岩体的空隙体积逐渐增大，渗透率随之增大；但底板下 10 m 内的区域发生了严重的二次破坏，导致其渗透率仍小于开采前，而底板下 15～20 m 以空隙体积增大为主，渗透率大于开采前。

通过对表 3-2、表 3-3、图 3-18 进行综合分析，绘制如图 3-21 所示采动影响下陷落柱启动压力梯度的变化规律。分析图 3-21 可知：

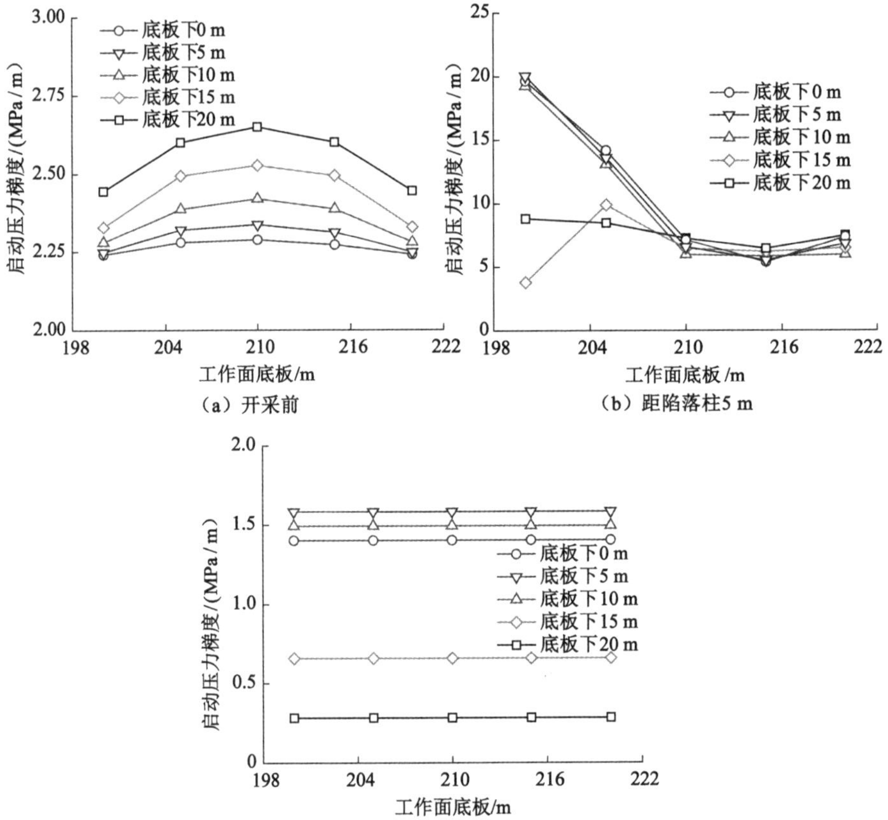

图 3-21　采动影响下陷落柱的启动压力梯度变化规律

(1) 在煤层采动前后，启动压力梯度呈现出先增大后减小的趋势。开采前陷落柱内的启动压力梯度为 2.2～2.7 MPa/m；当工作面推进至距陷落柱 5 m 时，启动压力梯度增大至 3.7～20.1 MPa/m；当应力释放后，启动压力梯度减小至 0.3～1.6 MPa/m。

(2) 本书中的启动压力梯度值由室内试验测得，而通常室内试验的测试结果与现场实际情况存在差异[211]。为了对采动前后陷落柱的渗透特性进行深入研究，将室内试验结果与现场实际情况进行对比分析。《煤矿防治水细则》提出底板含断裂构造带的临界突水系数为 0.06 MPa/m，完整底板的临界突水系数为 0.10 MPa/m。若认为开采前陷落柱内的最小启动压力梯度与底板含断裂构造带的临界突水系数相同，根据比例换算，则采动前、距陷落柱 5 m 和应力释放后陷落柱内最小的临界突水系数分别转化为 0.06 MPa/m、0.10 MPa/m 和 0.01 MPa/m。由转化结果可知：在应力集中状态下，陷落柱内的临界突水系数与完整岩体相同，隔水能力良好；在应力释放后，陷落柱的临界突水系数仅为含断裂构造底板的 1/6，极易发生突水事故。

图 3-12(a)将出水量和渗透压差随时间变化曲线划分为加速段、稳定段和衰减段。在衰减段，流速和渗透压差随时间缓慢降低，明显观察到流速降低可能需要 1～2 h。这种现象产生的主要原因可能为：破碎岩体中颗粒的迁移规律发生变化，由于轴压或渗流边界的作用，顶部向底部迁移量大于底板颗粒流失质量，即颗粒迁移规律主要表现为顶部向底部迁移，而试样底部的颗粒堆积导致渗透率小于顶部。

借助多孔介质理论对陷落柱突水过程中的颗粒运移规律进行讨论，多孔介质的孔隙度演化方程表达式[212]为：

$$\frac{\partial \varphi}{\partial t} = \lambda \rho_{w}(\varphi_{\max} - \varphi)\varphi \mid v \mid \tag{3-9}$$

式中：φ 为空隙中悬浮颗粒的体积分数；t 为时间；λ 为侵蚀系数；$\varphi_{\max}$ 为最大孔隙度；$|v|$ 为流体流速的绝对值。

若孔隙度变化只是由于颗粒流失引起的，则可以将 $\partial \varphi / \partial t$ 考虑成颗粒流失速率。若将试样考虑成上下两段，上下段的孔隙度演化表达式分别为：

$$\frac{\partial \varphi_1}{\partial t} = \lambda \rho_{\mathrm{w}} (\varphi_{\mathrm{max1}} - \varphi_1) C_1 \mid v_1 \mid \tag{3-10}$$

$$\frac{\partial \varphi_2}{\partial t} = \lambda \rho_{\mathrm{w}} (\varphi_{\mathrm{max2}} - \varphi_2) C_2 \mid v_2 \mid \tag{3-11}$$

最初，有 $\varphi_1 = \varphi_2, C_1 = C_2, v_1 = v_2$，由图 3-20(c)可知：在应力释放后，陷落柱顶部的渗透率小于底部。随着时间 t 的增大，顶部颗粒流失速度小于底部的颗粒流失速度，即$\partial \varphi_1 / \partial t < \partial \varphi_2 / \partial t$，由于初始孔隙度相同($\varphi_1 = \varphi_2$)，则有 $\varphi_{\mathrm{max1}} < \varphi_{\mathrm{max2}}$。由于初始颗粒体积浓度相同($C_1 = C_2$)，而顶部颗粒流失速率小于底部，在长时间渗流后有 $C_1 > C_2$。将式(3-10)和式(3-11)左右两式分别相除，则有 $v_1 / v_2 < 1$，即陷落柱顶部的流速小于底部，颗粒迁移导致陷落柱内部渗透率分布不均，随着时间的推移，小颗粒逐渐向底板下 10 m 内的范围堆积，造成渗流衰减现象。

工作面距陷落柱较远时，陷落柱周边围岩可以起到良好的隔水作用。当工作面推进至陷落柱前方时，柱体内以竖向应力为主(不考虑构造应力的影响)，陷落柱内的空隙体积随竖向应力的增大而减小，启动压力梯度随之增大，当应力达到 16 MPa 左右时，陷落柱的隔水能力与完整岩体基本相同，具有良好的隔水能力。因此在工作面揭露陷落柱前不易发生陷落柱水害。

当工作面揭露陷落柱时，工作面前方陷落柱以竖向压应力为主，工作面后方的陷落柱以竖向拉应力为主，在工作面处形成剪切带，陷落柱内部破碎岩体发生剪胀破坏，此时若底板下存在富水含水层，陷落柱内部可能会产生微弱的渗流。

当应力完全释放后，破碎岩体发生二次破坏，底板下 10 m 内破碎程度较高的区域渗透率仍然小于原岩应力状态的渗透率，在一定程度上起到延缓突水的作用，但在渗流作用下陷落柱内颗粒逐渐向顶部运移，柱体内的启动压力梯度逐渐减小。

当发生顶板垮落后，应力逐渐恢复至采动前状态，但在破碎岩体渗流中，存在渗透率非均匀分布而导致渗流衰减的现象，即陷落柱内的向顶部运移的小颗粒可能在柱体顶部形成堆积而导致陷落柱顶部出现渗透率降低、流速衰减、启动压力梯度逐渐减小的现象。随着时间的推移，由于陷落柱内的颗粒运移和应力释放导致陷落柱的隔水能力降低，含水层水压逐渐向陷落柱顶部传导，而底板下 10 m 的陷落柱渗透率较小，当水压力增大到一定值时，可能会造成颗粒瞬间崩溃膨出、流速急剧增大的渗流突变现象，而从底板揭露陷落柱至发生渗流突变的过程通常要经过 1～3 个月时间。

综上所述，陷落柱突水的滞后性是由于采动影响下破碎岩体的压实作用、二次破坏造成的渗透率减小和颗粒运移形成的渗流衰减等共同引起的。

3.4 本章小结

本章在现场取样的基础上，对采动状态陷落柱的渗透特性进行研究。分 2 组分别进行室内破碎岩体渗流特性测试，包括陷落柱试样的渗透率和启动压力梯度，进而对陷落柱突水过程的突发性和滞后性进行分析，得出以下结论：

(1) 渗流边界是陷落柱渗流的重要影响因素。当未发生渗流突变时，渗流边界孔隙直径对渗流无显著影响；当发生渗流突变时，突变后的流速随着孔隙直径的增大而增大。大颗粒流失导致骨架内部产生结构失稳是发生渗流突变现象的根本原因，只有部分小颗粒流失时不会改变试样的渗流状态。

(2) 通过雷诺数考察渗流场，发现渗流突变发生后宜用非达西流方程对渗透率进行计算，并对非达西流 β 因子进行讨论，认为非达西流 β 因子为负是渗流突变发生的充分必要条件，渗流突变的剧烈程度随非达西流 β 因子的增大而加剧。

(3) 在应力集中状态下，破碎岩体的孔隙度变化引起渗透率和启动压力梯度的变化，渗透率随孔隙度的增大而增大，启动压力梯度随轴压的增大而减小；在应力释放后，由于在应力集中状态下破碎岩体发生二次破坏，陷落柱内破碎岩体的分形维数增大，其渗透率随之减小，而启动压力梯度随之增大。

(4) 陷落柱突水的滞后性是由于采动影响下破碎岩体的压实作用、二次破坏造成的渗透率减小和颗粒运移形成的渗流衰减等因素共同引起的。

4 陷落柱渗流演化机理研究

陷落柱水害除具有滞后性和突发性外，其隐蔽性也是导致水害难以防范、反复发生的重要因素。以往多次陷落柱突水事故的发生都是因为陷落柱的隐蔽性，即陷落柱隐伏于煤层底板之下而未能及时探查。如果陷落柱和煤层间的底板隔水层无法阻隔奥陶系灰岩水也会引发突水事故，即实际陷落柱突水中底板隔水层也是重要组成部分，因此在陷落柱柱体分析的基础上，建立底板隐伏陷落柱模型，并对其渗流特性进行研究具有重要意义。

而目前岩体渗流特性的研究多集中在室内试验和数值模拟两方面。室内试验以岩样的试验居多，通常通过研究不同水压条件下流速的变化规律来对达西流或非达西流计算岩体的渗透率，但岩样与岩体间的渗流特性存在很大差别，以岩样的测试结果来模拟岩体或作为数值模拟的计算依据会导致计算结果存在很大误差。而数值模拟多基于理论推导，以室内试验作为参数设置依据。因此，本章在相似材料选取的基础上，通过自行设计的含陷落柱岩体渗流特性模型试验测试底板隐伏陷落柱的渗流特性，旨在建立水压-流速及水压-扩散距离的关系，分析含陷落柱岩体的非达西流特性，研究底板隐伏陷落柱的渗流演化规律，为底板隐伏陷落柱突水机理的数值模拟研究提供参数设置依据。

4.1　陷落柱填隙物相似材料的准备

4.1.1　试验原材料

(1) 骨料

骨料主要决定陷落柱填隙物相似材料的强度、容重和弹性模量，因此应该选择胶结性和膨胀率较小的材料。本试验选择风积沙作为各试样的骨料，风积沙粒径为 0～1 mm。

(2) 胶结材料

胶结材料会影响陷落柱填隙物相似材料的抗压强度和耐水性，而本章的试验材料要求具有高耐水性和低抗压强度，因此选用普通硅酸盐水泥(部分添加水玻璃)，同时选用黏土为辅助胶结材料。

水泥：标号 32.5 白水泥，起主要胶结作用。

滑石粉：起充填作用。

黏土：粉质黏土，饱和含水率 15%左右，起部分充填作用和部分胶结作用。

水玻璃：水玻璃溶液，含水率 56%，模数 3，通过 NaOH 调节模数。

水玻璃的分子式可以表示为 $Na_2O \cdot nSiO_2$ 或 $K_2O \cdot nSiO_2$。其中：n 称为水坡埚模数，水玻璃的黏度随其模数增大而增大，一般处于 1.5～3.5。

表 4-1　水玻璃模数配比表

模数 n	水玻璃配置/g			含水率/%	
	原水玻璃用量	NaOH 用量	水玻璃＋NaOH	配前含水率	配后含水率
1.2	100	27.5	127.5	56	43.9
1.5	100	22.0	122.0	56	45.9
3.0	100	—	—	56	56.0

4.1.2　试验仪器及方法

试样制备仪器主要包括：水泥砂浆搅拌机(图 4-1)、伸臂式试块振实台(图 4-2)、万能压力试验机、渗透仪、自制圆形试模(规格 ϕ50 mm×100 mm)、其他常用仪器和设备。

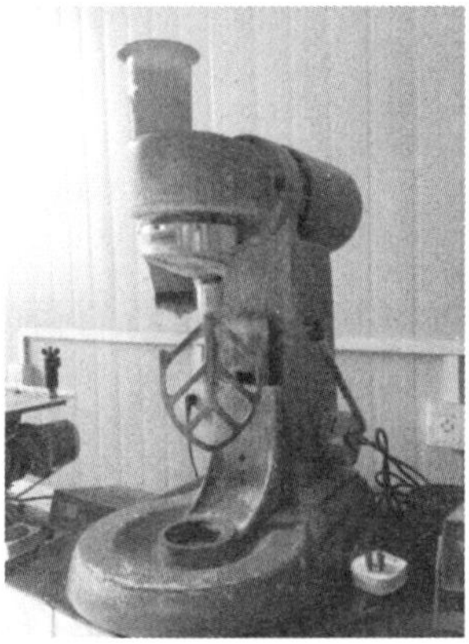

图 4-1　水泥砂浆搅拌机

图 4-2　伸臂式试块振实台

模型试验要求破碎岩体填隙物具有高耐水性、高渗透性、低强度,为了满足要求,分别进行抗压强度和渗透率测试,试验方法简述如下。

(1) 试块制作:将配制好的原材料放入水泥砂浆搅拌机中搅拌,经伸臂式试块振实台振实成型制作成尺寸为 ϕ50 mm×100 mm 的试样。

(2) 试块的养护:根据不同试验要求,试块的养护方法分标准养护、自然养护及浸水养护三种。本试验采用自然养护和浸水养护两种方法。

(3) 单轴抗压强度试验参照混凝土力学性能试验标准进行。

(4) 利用中国矿业大学自行研制的渗透性试验装置,测量试样的渗透率。

4.1.3 试验方案

为了完成上述试验内容,制定试验方案如下所示。

(1) 胶结配比

风积沙、水泥、滑石粉、黏土和水玻璃配比水泥基、黏土基和水泥+胶基的相似材料共16组,每组制备试样6个(分别进行3次渗透性测试和单轴抗压强度测试)。其中部分组别试样在养护过程中发生破坏,未实际得到样品,共得到样品10组,基本配比如表4-2所示,制备得到的填隙物样品如图4-3所示。

表 4-2 陷落柱填隙物试验配比

编号	风积沙/(kg/t)	水泥/(kg/t)	黏土/(kg/t)	滑石粉/(kg/t)	胶/(kg/t)	养护方法	水灰比/水胶比
1#	650	170	0	180	—	浸水养护	1
2#	650	60	180	110	—	自然养护	3
3#	750	100	100	50	—	浸水养护	2
4#	650	120	100	130	—	浸水养护	1.5
5#	700	20	130	100	50(n=1.2)	自然养护	5/2
6#	700	100	100	70	15(n=3)	自然养护	2/3.3
7#	650	40	200	110	—	自然养护	3
8#	650	120	50	180	—	浸水养护	1.5
9#	650	40	100	100	100(n=3)	自然养护	2/1.2
10#	650	0	100	175	70(n=1.5)	自然养护	3

(2) 渗透性试验

分别进行10组样品的渗透性试验,每组进行3次试验取平均值。

(3) 单轴抗压强度

分别进行10组样品的单轴抗压强度试验,每组进行3次试验取平均值。

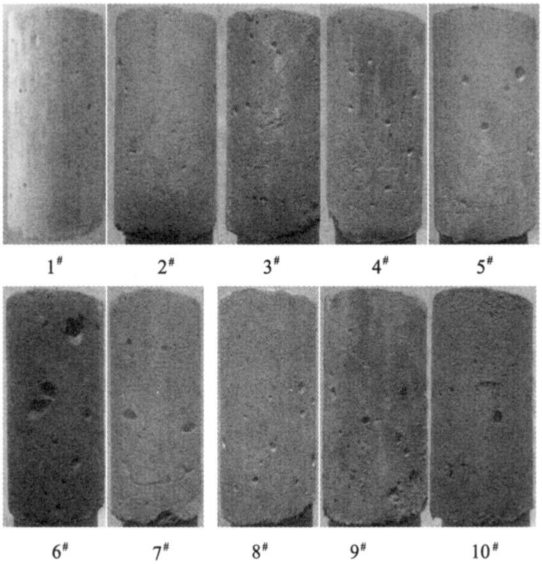

图 4-3　试验样品

4.2　填隙物相似材料渗流力学规律分析

4.2.1　渗流测试试验仪器和方法

为了研究填隙物相似材料的渗流规律，采用中国矿业大学自行设计的渗透仪试验装置，该装置可以实现破碎岩体渗流的开放性，分析填隙物相似材料的渗流特性及渗流突变后的破坏形态，最终得到相似材料的渗流规律。

为了测试相似材料的渗流特性，将养护后的相似材料试样放入渗流缸筒(见图 4-4)内，并在周边浇入速凝水泥以保证试验系统的密封性。渗透性试样制备过程主要有以下步骤：

(1) 缸筒底部放入渗水板(为了防止水泥浆液进入渗板，在渗板顶部蒙一层塑料薄膜)，喷洒脱模剂并将试样放入缸筒；

(2) 倒入水灰比为 0.8 的速凝水泥浆液，用毛刷将试样顶部水泥浆清理干净，避免水泥在试样顶端迅速凝固；

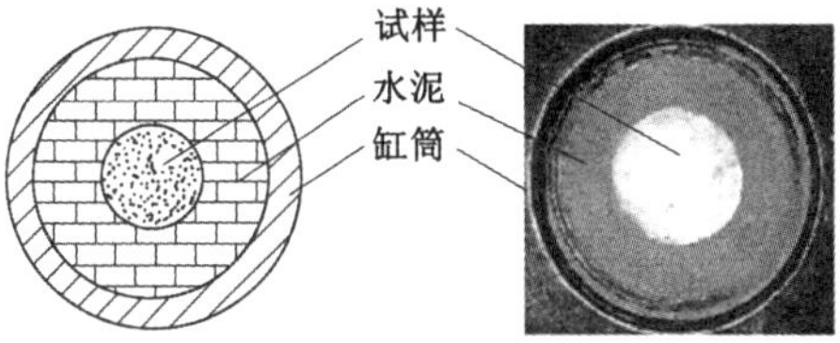

图 4-4 渗流缸筒

(3) 待水泥凝固后(凝固时间大于 8 h)取出试样底部渗板，用砂纸将试样底部水泥清理干净，保证试样顶底水泥和试样高度一致。

中国矿业大学自行研制的渗流突变试验系统主要由 4 个部分组成：加载系统、渗透加压装置(见图 4-5)、数据采集系统与分析系统。其中：

(1) 加载系统采用 CMT5305 系列电子万能试验机，试验机最大荷载为 300 kN。

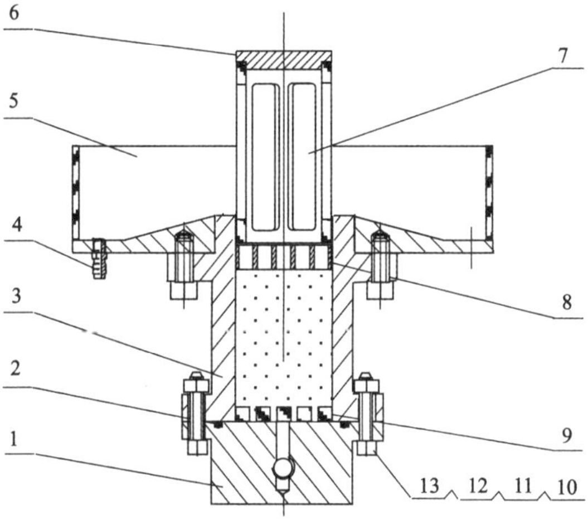

1—底板；2—O 形橡胶密封圈；3—缸筒；4—出水管嘴；5—托盘；6—溢水筒盖；7—溢水筒；8—活塞；9—透水板；10—螺栓；11—螺母；12—平垫圈；13—弹簧垫圈。

图 4-5 渗透加压装置

(2) 渗透加压装置主要由底板、缸筒、托盘、溢水筒、活塞、透水板等 13 个部分组成。底板和缸筒间通过 O 形橡胶密封圈密封。

(3) 数据采集系统主要由水压力传感器、量筒和无纸记录仪等组成。通过水压力传感器测量渗透压差。

利用渗透性试验系统测得相似材料试样的流速、渗透压差和稳定渗流时间，寻找可以用于模型试验的相似材料。试验主要有以下几个步骤：

(1) 位移控制。在样品底部放入透水板，主要起均布支撑固定作用，避免由于水压的冲击作用导致试样和水泥脱离。

(2) 在活塞和溢水桶中加满水，待样品饱和后连接压力传感器和水压加载控制系统，试验利用自来水进行加压阀，缓慢开启自来水阀，避免样品由于水冲击作用与水泥脱离。

(3) 渗流开始后，利用量筒和流量传感器分别测量流量，保证测得流量数值精确，直到发生渗流突变或 600 min 以上不发生突变，试验结束。

4.2.2 渗流测试试验结果分析

在 10 组相似材料的渗透性试验中，未发生渗流突变和发生渗流突变各 5 组，如表 4-3 所列。

表 4-3 陷落柱填隙物渗透性试验结果

组别	1#	2#	3#	4#	5#	6#	7#	8#	9#	10#
突变与否	否	是	否	是	是	否	否	是	是	否

(1) 未渗流突变

未发生渗流突变有两种：第一种为长时间流量较小且未出现流量增大的现象而结束的试验，包括 1# 和 6# 试样；第二种为试验开始 10 s 内流量迅速增大至最大流量，包括 3#、7# 和 10# 试样。

1# 试样试验结束后顶、底部分别如图 4-6(a)和图 4-6(b)所示。由图可见，1# 试样顶、底部均未发生明显变化，基本无颗粒流失。在试验中观察可知，1# 试样主要渗流通道位于试样和水泥结合的异岩界面，6# 试样的渗透性测试情况与 1# 试样基本相同。

3# 试样试验结束后顶、底部形态分别如图 4-6(c)和图 4-6(d)所示。由图可见，在试验结束后试样已经完全破坏，颗粒基本流失完毕，已经从渗流转变为管流。通常在 0.5 MPa 渗透压差作用下，这种现象发生在试验开始后 10 s 内。

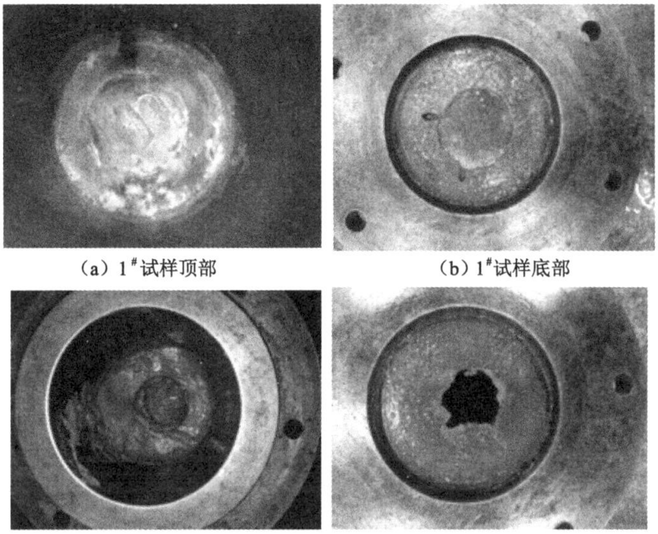

(a) 1#试样顶部 (b) 1#试样底部

(c) 3#试样顶部 (d) 3#试样底部

图 4-6 未发生渗流突变试样顶、底部形态图

1# 试样和 6# 试样的流速和渗透压差随时间变化曲线如图 4-7 所示。由图可见，1# 试样和 6# 试样的平均流速分别为 2.10×10^{-5} m/s 和 6.96×10^{-5} m/s；为了保证试验准确性，进行长时间的渗透性测试，1# 试样和 6# 试样的试验时间分别保持 1 800 min 和 630 min，但均未观察到流速突增现象，可以判断短时间内基本不会发生渗流突变现象；平均渗透率分别为

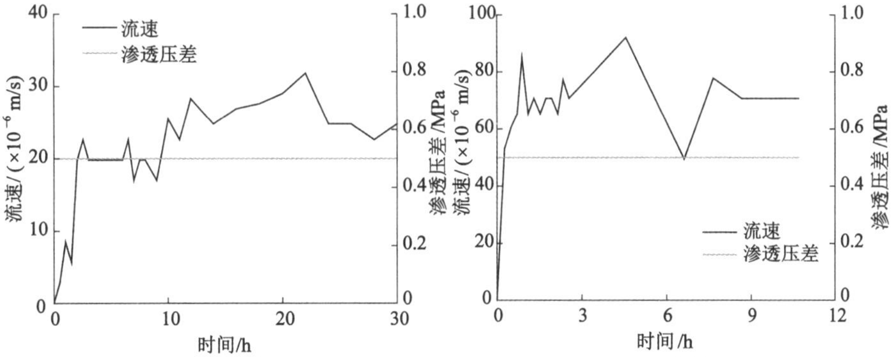

(a) 1#试样 (b) 6#试样

图 4-7 未发生渗流突变试样的流速和渗透压差随时间变化曲线

$4.23\times10^{-15}\ m^2$和$1.38\times10^{-14}\ m^2$。

$3^{\#}$、$7^{\#}$和$10^{\#}$试样在试验开始后 10 s 内流速迅速增大 0.03～0.05 m/s，渗透压差迅速从 0.5 MPa 减小至 0。

(2) 渗流突变

发生渗流突变的试验结束后试样的顶、底部形态如图 4-8 所示。

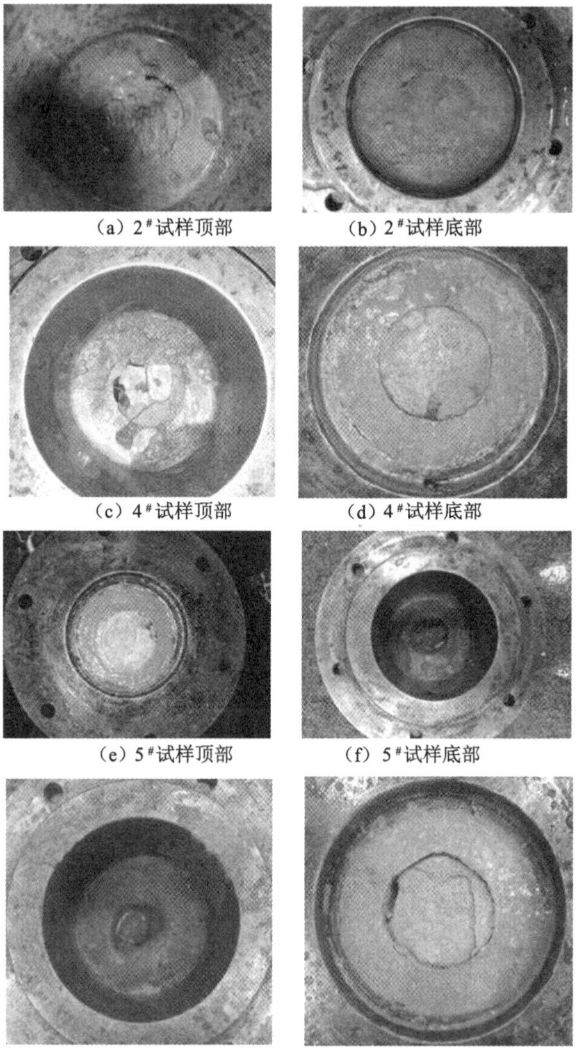

(a) $2^{\#}$试样顶部　(b) $2^{\#}$试样底部

(c) $4^{\#}$试样顶部　(d) $4^{\#}$试样底部

(e) $5^{\#}$试样顶部　(f) $5^{\#}$试样底部

(g) $8^{\#}$试样顶部　(h) $8^{\#}$试样底部

图 4-8　渗流突变后岩样顶底部形态图

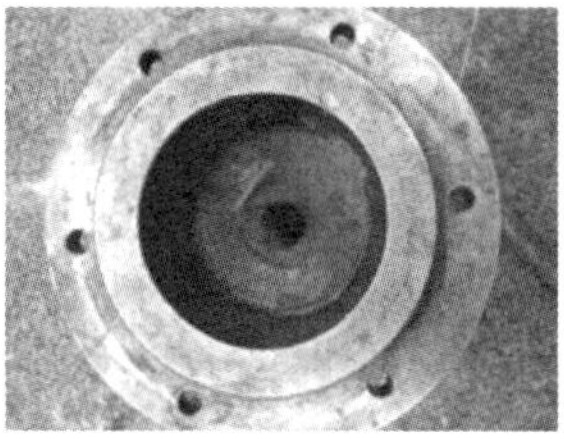

(i) 9#试样顶部

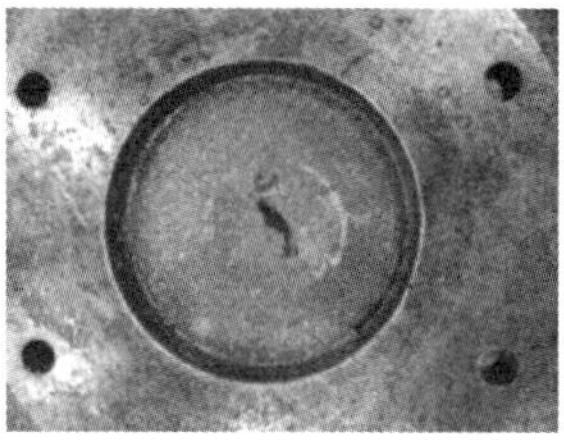

(j) 9#试样底部

图 4-8 (续)

通过对试验过程的实时观测认为发生渗流突变试样的渗流通道形成过程可分为三个阶段:初始阶段[图 4-9(a)]、加速阶段[图 4-9(b)]和突变阶段[图 4-9(c)]。初始渗流阶段渗流通道在试样和水泥间的异岩界面开始形成,此时渗流速度较慢;随着渗流的进行,颗粒逐渐发生迁移,进入加速渗流阶段,渗流通道的孔喉直径逐渐增大,同时流速也逐渐增大;随着颗粒的不断迁移,流速迅速增大,最终发生渗流突变,试样顶部迅速被破坏,大量泥沙从试样溃出(4#、5#、8# 和 9# 试样顶部发生破坏,破坏深度为 20～30 mm,其中 9# 试样渗流通道形成的形式与其他 4 个试样不同,其渗流通道从试样中部开始发育,同样经历加速阶段和突变阶段后发生渗流突变。2# 试样顶部无明显破坏,但可观察到明显渗流通道)。

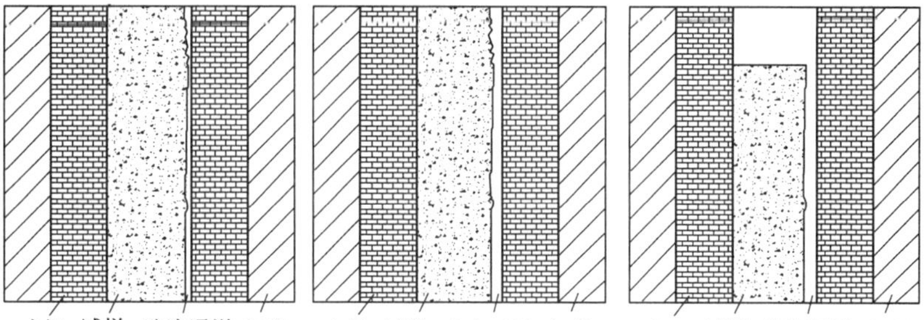

(a) 初始阶段 (b) 加速阶段 (c) 突变阶段

图 4-9 填隙物边界渗流通道形成过程示意图

以 2# 试样和 9# 试样为例对渗流突变全过程的变化规律进行说明,其流速和渗透压差随时间变化曲线如图 4-10 所示。由图 4-10 可知,2#

试样和 9# 试样在试验初期流速较小，处于 10^{-5} m/s 数量级，随着颗粒流失，流速逐渐增大；渗透压差在渗流突变前基本保持不变；在渗流突变发生后流速迅速增大至 10^{-1} m/s 数量级，而渗透压差迅速降到 0。

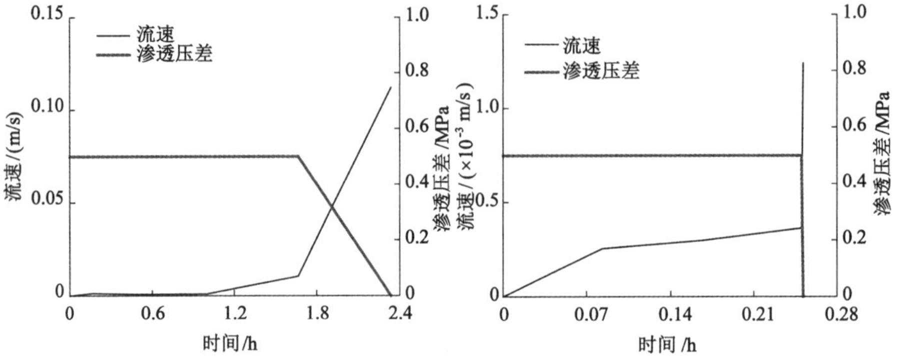

(a) 2#试样　　(b) 9#试样

图 4-10　发生渗流突变试样的流速和渗透压差随时间变化曲线

渗透率随时间的变化曲线如图 4-11 所示。由于 3#、7# 和 10# 试样在短时间的试验中流速迅速增大，此节不对其渗透率变化规律进行讨论。由图 4-11 可知：未发生渗流突变试样的渗透率远低于发生渗流突变试样的渗透率，其中未发生渗流突变的试验中渗透率多处于 10^{-16}～10^{-14} m^2 数量级，而发生渗流突变的试验中，试验初期渗透率也处于 10^{-16}～10^{-14} m^2

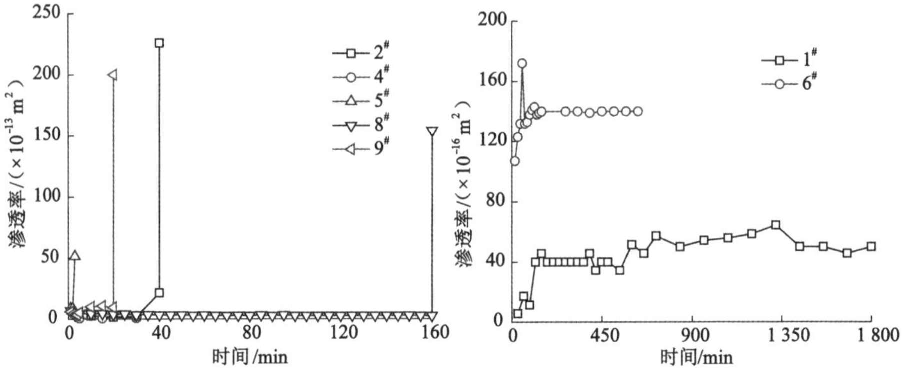

(a) 未发生渗流突变试样　　(b) 发生渗流突变试样

图 4-11　渗透率随时间变化曲线

数量级，一旦发生渗流突变，渗透率迅速增大至 10^{-13}～10^{-11} m^2 数量级。

发生渗流突变的各组试验中，稳定渗流（加速渗流阶段）持续时间不同（如图 4-12 所示），如 7# 试样的持续时间为 3 min，而 5# 试样的持续时间则达到 160 min。在实际的隐伏陷落柱突水过程中，通常存在 1～3 个月滞后期，在此时期，陷落柱内部颗粒不断随渗流发生迁移，流速阶梯性逐渐增大，阻隔水能力逐渐下降。

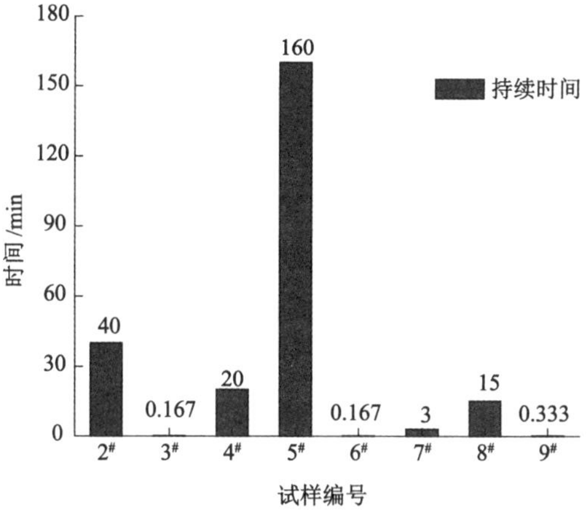

图 4-12　相似材料的渗流稳定持续时间

4.2.3　单轴抗压强度测试及分析

单轴压缩试验采用中国矿业大学的 DNS100(10 t)试验机，试样高度为 100 mm，直径为 50 mm。各试样单轴压缩的应力-应变曲线如图 4-13 所示，由图可见，应力峰后应力随应变下降缓慢，表现出了软岩特性。试样的单轴抗压强度均小于 1.6 MPa。本章相似材料的选取主要考虑材料自身会发生渗流突变，且抗压强度较小，这符合现场陷落柱（破碎岩体）的特性。通过试样的渗流特性分析可知 1#、2# 和 4# 试样的渗流特性满足陷落柱相似材料的要求，其单轴抗压强度分别为 0.48 MPa、0.32 MPa 和 0.24 MPa，均符合相似材料的抗压强度测试要求。

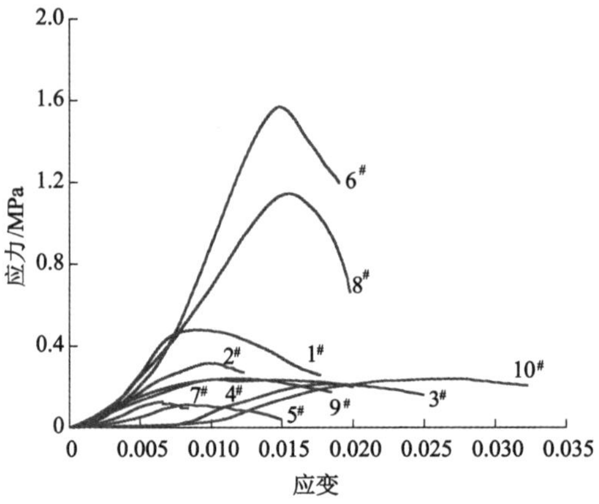

图 4-13　单轴压缩的应力-应变曲线

4.2.4　陷落柱填隙物相似材料的选取

利用水泥砂浆制备陷落柱相似材料，并对其单轴抗压强度和渗流特性进行研究，得出以下结论：

(1) 相似材料的渗流特性测试结果可以分为 2 种——发生渗流突变和未发生渗流突变。发生渗流突变的试验渗透率在试验前后发生剧烈变化，试验初期渗透率处于 $10^{-16} \sim 10^{-14}$ m^2 数量级，一旦发生渗流突变，渗透率迅速增大至 $10^{-13} \sim 10^{-11}$ m^2 数量级；未发生渗流突变的试验前后渗透率保持不变。

(2) 在试验过程中对试样顶底部进行观测，多数发生突变试样的渗流通道出现在试样与水泥间的异岩界面，仅 9# 试样渗流突变出现在试样中部。

(3) 1#、2#、4# 试样具有明显滞后突水的效果，并且突水时间存在很大差异，可以有效地模拟不同时长的陷落柱突水过程，可作为模型试验的备选材料。尤其 2# 试样稳定渗流持续时间较长，单轴抗压强度较低，与陷落柱突水特征最为相似。

综上分析，综合考虑各种配比相似材料的单轴抗压强度和渗流特性，选取 1#、2#、4# 试样作为模型试验的陷落柱填隙物材料。

4.3 陷落柱渗流机制模型系统研制

4.3.1 研制目的及技术指标

在煤层采动过程中，陷落柱常隐伏于煤层底板下，其突水具有突发性和隐蔽性，因此研究陷落柱及其周边围岩的渗流演化规律对于解释陷落柱突水机理具有十分重要的意义。以图 4-14 为例，研制陷落柱渗流演化机制的模型试验系统，主要用于研究底板隐伏陷落柱其内部与周边围岩孔隙水压力的传递规律、流速的变化规律，以及水的扩散半径与水压力间的关系，解释陷落柱渗流突变机理，并为陷落柱渗流突变的数值计算模型提供相应的计算依据。

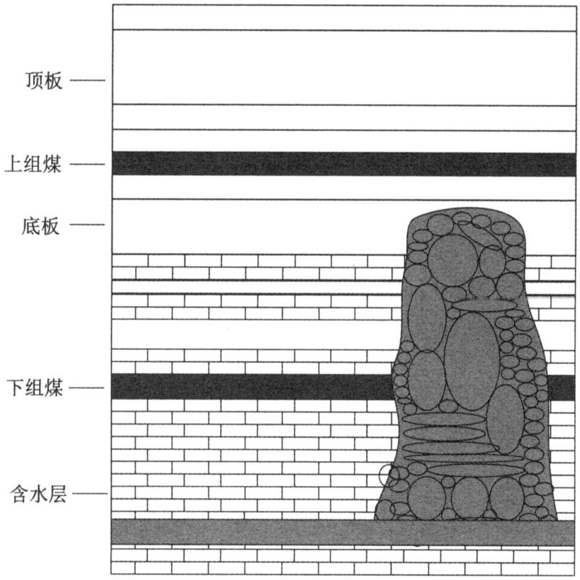

图 4-14 底板隐伏陷落柱示意图

陷落柱渗流演化机制模型试验系统主要技术指标如下。

(1) 模型尺寸：500 mm×500 mm×300 mm。

(2) 承压水荷载：0.5 MPa。

(3) 承压水荷载精度：±5.0%。

(4) 流速测试范围：0～1 m/s。

(5) 流速测试误差：<5%。

4.3.2 陷落柱渗流演化模型主体设备

陷落柱渗流演化机制模型试验系统主要由陷落柱模型箱、注射加压系统、孔隙水压采集系统、流速采集系统及辅助设备组成。陷落柱模型箱如图 4-15 所示，主要由进水口、顶部渗板、底部渗板和出水口组成。模型箱前后由钢板组成，为了保证模型的封闭性，内衬 2 块钢化玻璃，外部钢化玻璃利用玻璃胶与钢板黏结，为了防止模型铺设及拆卸过程中损坏玻璃，设置内部钢化玻璃便于更换。孔隙水压采集系统由水压传感器和无纸记录仪组成，注射加压系统和流速采集系统与第 3 章相同。

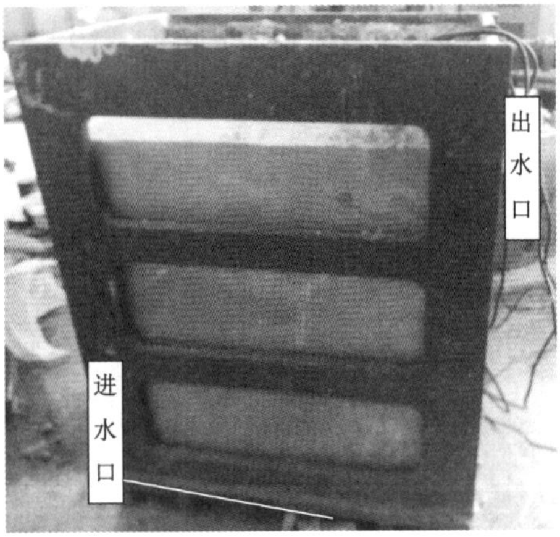

图 4-15　陷落柱模型箱

辅助设备包括进水装置和浇筑模具等。为了避免模型箱密封不良的问题，将进水口提高 10 cm，辅助进水装置如图 4-16(a)所示，进水装置通过底部槽内密封圈与模型箱进水口连接和密封，顶部设计成漏斗形尽量减少水通过陷落柱模型向底部扩散而进入模型箱壁与陷落柱模型间密封不良位置。陷落柱模具如图 4-16(b)所示，模具内径为 10 cm，高度为 40 cm。陷落柱影响带的浇筑模具如图 4-16(c)所示，模具内径为 20 cm，高度为 40 cm。

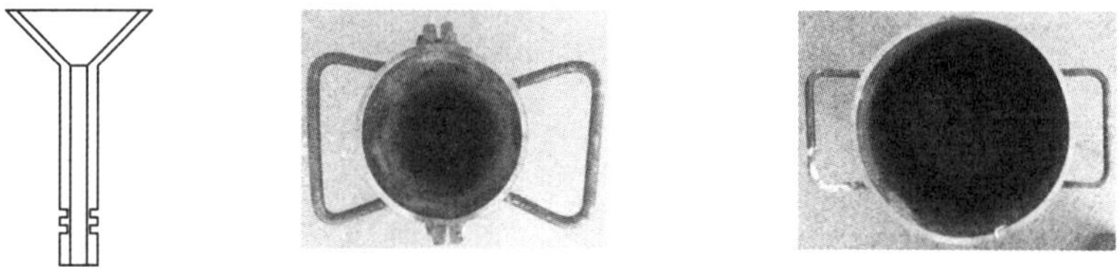

(a) 进水装置　　(b) 陷落柱模具　　(c) 影响带浇筑模具

图 4-16　辅助设备

4.4 模型试验方法及过程

4.4.1 相似材料的选取

岩土工程物理模型试验中除需要有符合试验要求的实验平台外，相似材料的选取也同样重要，特别是与水相关的模型试验中，不但要考虑材料变形的相似(单轴抗压、抗拉强度)，而且要考虑材料渗透特性的相似。材料基本变形相似主要存在以下关系：

$$C_\sigma = C_\gamma C_L \tag{4-1}$$

$$C_u = C_\varepsilon C_L \tag{4-2}$$

$$C_\sigma = C_\varepsilon C_E \tag{4-3}$$

式中：C_E 为弹性模量相似比；C_σ 为应力相似比；C_L 为几何相似比；C_γ 为容重相似比；C_ε 为应变相似比；C_u 为位移相似比。

胡耀青等[213]基于均匀连续介质的流固耦合数学模型，推导了流固耦合作用下的相似关系：

$$C_G \frac{C_u}{C_L^2} = C_\lambda \frac{C_e}{C_L} = C_G \frac{C_e}{C_L} = C_\gamma = C_\rho \frac{C_u}{C_t^2} \tag{4-4}$$

式中：C_ρ 为密度相似比；C_t 为时间相似比；C_G 为剪切弹性模量相似比；C_e 为体积应变相似比；C_u 为位移相似比；C_λ 为拉梅常数相似比。

结合 4.2 节相似材料的选取及渗透性测试结果，选用风积沙、滑石粉、水泥、黏土和水配制陷落柱相似材料，如图 4-17 所示。风积沙具有粉黏粒含量少、表面活性低、抗剪切性能差的特点，属于天然不良级配[214]，通常不能作为建筑材料使用，本书采用风积沙代替常用的河沙作为粗骨料，主要用于减低相似材料的强度。风积沙粒度选择＜0.1 mm、0.1～0.25 mm、0.25～0.5 mm、＞0.5 mm，配比为1∶9∶9∶1。若单独采用风积沙会造成相似材料孔隙度过大，还应选用细骨料来调节陷落柱相似材料的孔隙度。常见的细骨料有滑石粉和石膏粉，但石膏粉遇水会发生反应，因此选取滑石粉作为细骨料来控制相似材料的孔隙度，保证模型的稳定性。另外，选用强度等级为32.5级的复合硅酸盐水泥和黏土这两种胶结材料调节相似材料强度。用于试验的黏土、风积沙均过2 mm筛网去除杂质和碎石，并在干燥条件下曝晒。

(a) 风积沙　(b) 水
(c) 黏土　(d) 滑石粉　(e) 水泥

图4-17　相似材料组成成分

4.4.2　模型浇筑

模型浇筑示意图如图4-18所示，模型主要由陷落柱、陷落柱影响带和围岩组成。模型试验共选取3种不同的相似材料配比。由于实际陷落柱多由破碎岩体组成，在复杂的物理、力学和化学作用下逐渐从固结至胶结再次成岩。因此，试验中陷落柱由50％的破碎岩块和50％的水泥黏土砂浆组成，陷落柱影响带由25％的破碎岩块和75％的水泥黏土砂浆组成，围岩和底板中未加入破碎岩块。

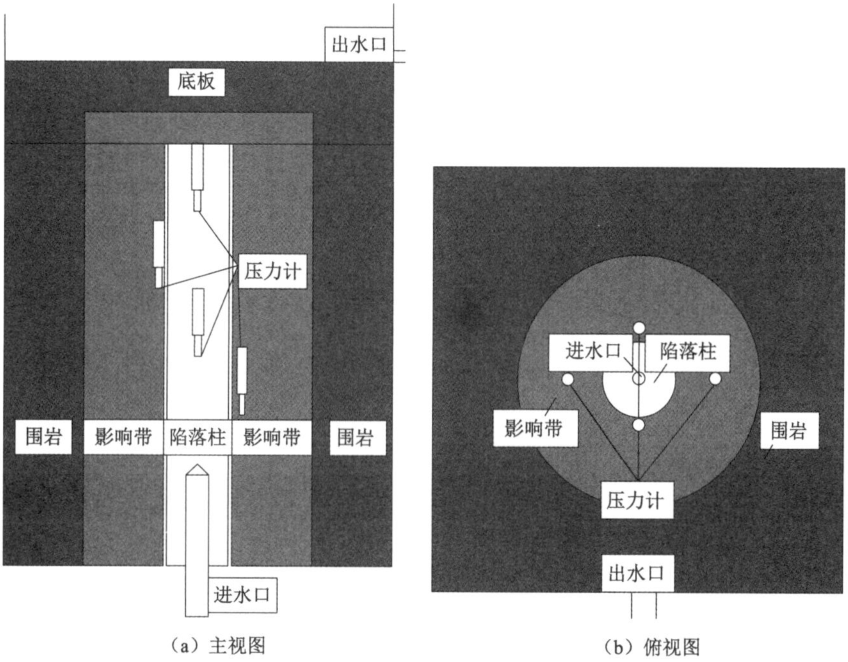

图 4-18 模型浇筑示意图

考虑到模型箱的尺寸，为了减小尺寸效应对试验结果的影响[215]，破碎岩块粒径选取为 2～5 mm，具体的材料配比如表 4-4 所列。模型中通过进水口前的水压传感器及浇筑在模型中的 4 个水压传感器(图 4-19)测量压力。为了防止水压传感器线路导水的问题，4 个传感器分别在陷落柱周边 0°、90°、180°和 270°的位置呈螺旋状埋设，传感器距离出水口的垂直高度分别为 50 mm、100 mm、150 mm 和 200 mm。

表 4-4 相似材料的配比

试样编号	区域	碎石/%	水泥黏土砂浆/%	风积沙/(kg/t)	水泥/(kg/t)	黏土/(kg/t)	滑石粉/(kg/t)
1#	陷落柱	75	25	650	170	0	180
	影响带	50	50				
	围岩	0	100				

表 4-4(续)

试样编号	区域	碎石/%	水泥黏土砂浆/%	风积沙/(kg/t)	水泥/(kg/t)	黏土/(kg/t)	滑石粉/(kg/t)
2#	陷落柱	75	25	650	60	180	110
	影响带	50	50				
	围岩	0	100				
4#	陷落柱	75	25	650	120	100	130
	影响带	50	50				
	围岩	0	100				

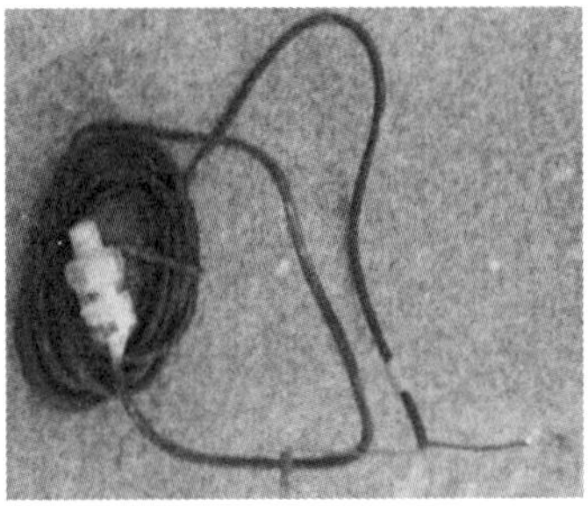

图 4-19　水压传感器

模型浇筑流程如图 4-20 所示，主要分为以下步骤：

(1) 称重。分别对陷落柱、影响带和围岩按照表 4-4 配比进行水泥、黏土、风积沙、滑石粉称重，总质量分别为 6.28 kg、18.84 kg、125.00 kg。

(2) 底部处理。为了防止水向下流至模型箱底部并沿模型边界出水，在陷落柱、影响带和围岩铺设前，在模型底部浇筑约 1 cm 厚的速凝水泥浆，当速凝水泥浆基本成型但未完全干燥时进行陷落柱、影响带和围岩铺设，在冬季室温条件下约等待 30 min。

(3) 陷落柱铺设。按照水灰比 1∶2 加水搅拌，通过捣实法将水泥黏土砂浆铺设进陷落柱模具[图 4-16(b)]，捣实法铺设完成后立即脱模。

(4) 陷落柱影响带铺设。按照水灰比 1∶3 加水搅拌，将水泥黏土砂浆灌入陷落柱与陷落柱影响带模具之间，用橡皮锤敲击模具外壁，保证水泥黏土砂浆均匀密实。

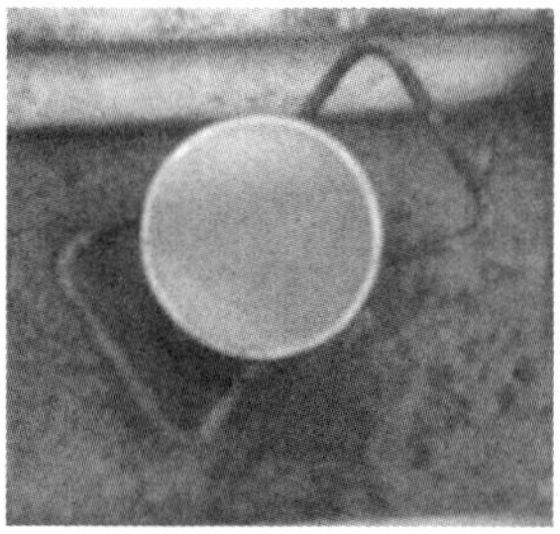

(a) 陷落柱铺设

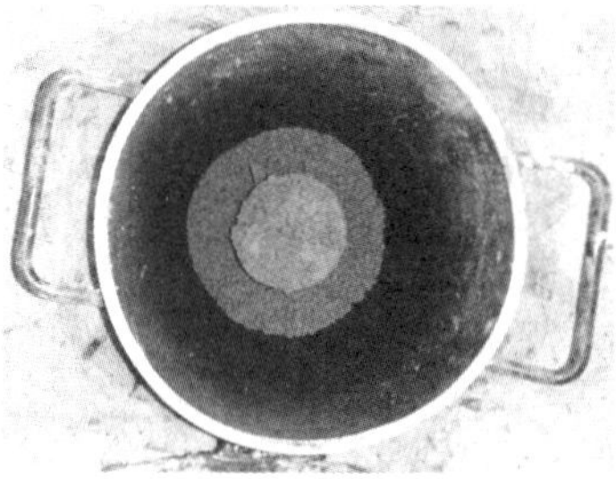

(b) 陷落柱影响带铺设

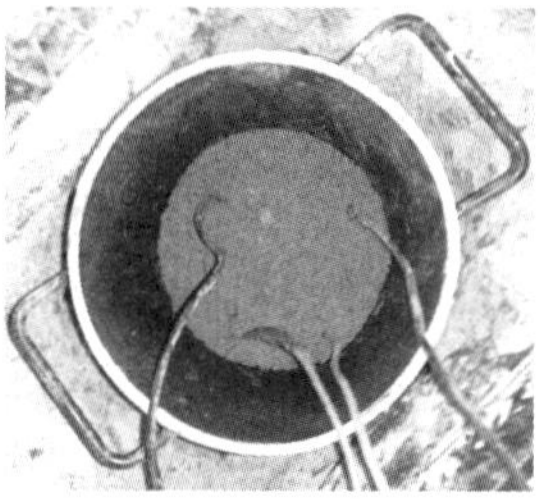

(c) 埋设传感器

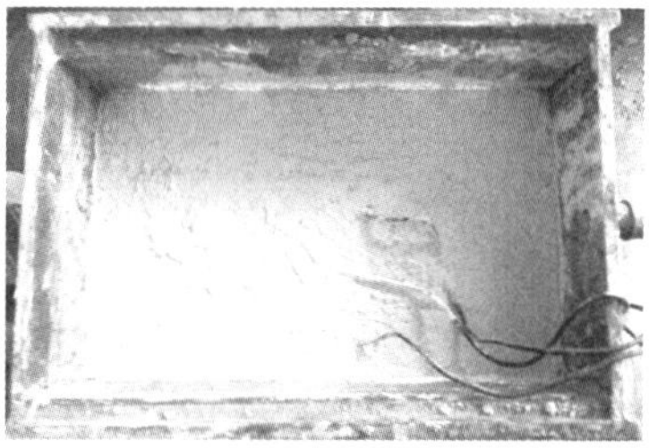

(d) 围岩铺设

图 4-20 模型浇筑流程

(5) 埋设传感器。在陷落柱影响带浇筑过程中呈螺旋状铺设水压力传感器，传感器分别位于陷落柱外壁处 0°、90°、180°和 270°方位，距离出水口的垂直高度分别为 50 mm、100 mm、150 mm 和 200 mm。

(6) 围岩铺设。按照水灰比 1∶3 加水搅拌，将水泥黏土砂浆直接灌入影响带和模型箱间，并不断进行搅拌，保证水泥砂浆均匀、密实。

4.5 底板陷落柱的渗流演化机理

陷落柱模型试验共进行 3 组，基于 4.2 节水泥黏土砂浆标准试件(ϕ50×100 mm)的单轴压缩和渗透性试验的测试结果，选取水泥黏土砂浆的材料配比，并加入部分破碎岩块(直径 2～5 mm)，具体参数如表 4-5 所列。为了全书前后的统一，采用 4.2 节试样编号，3 组模型分别为 $1^{\#}$、$2^{\#}$ 和 $4^{\#}$ 模型。

表 4-5　不同水压力下各模型的孔隙水压值　单位：MPa

模型	测点	水压力/MPa			
		0.25	0.47	0.75	1.00
1# 模型	1	—	0.420 5	0.701 2	0.963 8
	2	—	0.235 7	0.381 5	0.494 3
	3	—	0.139 2	0.229 3	0.301 1
	4	—	0.098 9	0.159 8	0.210 8
模型	测点	水压力/MPa			
		0.18	0.50	0.75	1.00
2# 模型	1	0.178 8	0.496 6	0.746 0	0.994 7
	2	0.101 1	0.291 8	0.446 4	0.612 3
	3	0.079 8	0.227 4	0.341 2	0.477 3
	4	0.064 1	0.179 6	0.270 2	0.360 4
模型	测点	水压力/MPa			
		0.25	0.50	0.75	1.00
4# 模型	1	0.232 5	0.484 5	0.715 2	0.982 3
	2	0.129 1	0.279 0	0.417 1	0.575 4
	3	0.098 8	0.213 5	0.319 2	0.430 4
	4	0.074 0	0.154 2	0.227 6	0.312 6

4.5.1　水压对流速的影响规律

3 组模型试验的出水量随时间变化曲线及流速随水压变化曲线如图 4-21～图 4-23 所示。3 组模型出水的最小水压分别为 0.47 MPa、0.18 MPa 和 0.25 MPa，3 组模型各结构尺寸相同，而出水口距模型顶部垂向高度 L 为 30 cm，压力梯度分别为 1.57 MPa/m、0.60 MPa/m 和0.83 MPa/m。

1# 模型不同水压条件下出水量随时间变化曲线如图 4-21 所示，由于模型出水的最小水压为 0.47 MPa，因此无法测试进水口水压为 0.25 MPa的出水量随时间变化曲线。出水量测试的电子天平最大量程为 5.2 kg，精度为 0.1 g，为了保证数据可靠，当出水量达到 3 000.0 g 时出水量测试结束。

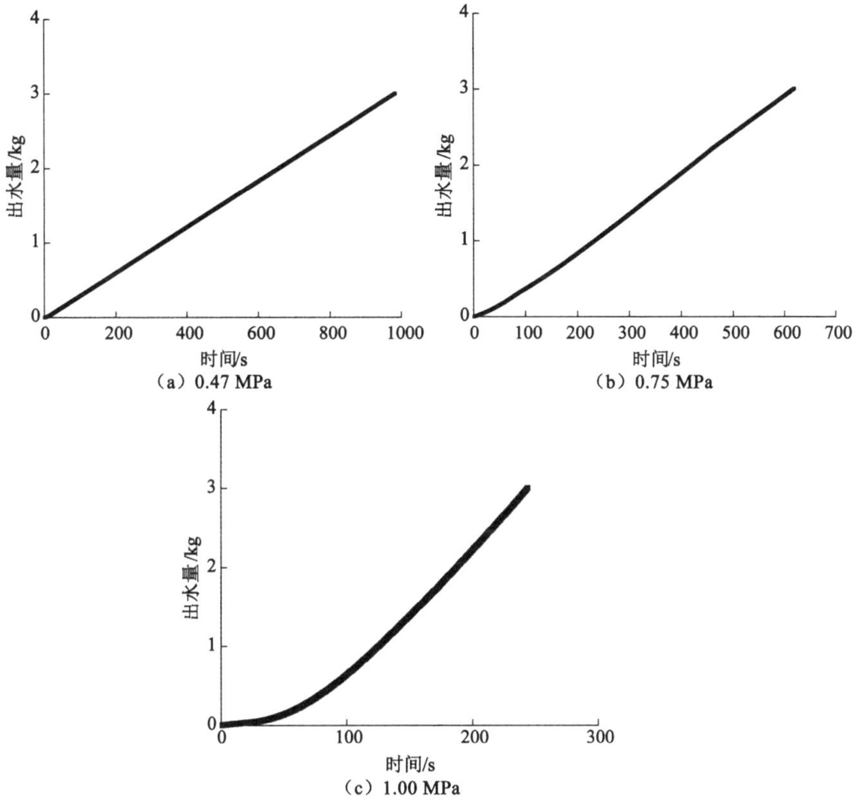

图 4-21　1# 模型不同水压条件下出水量随时间的变化曲线

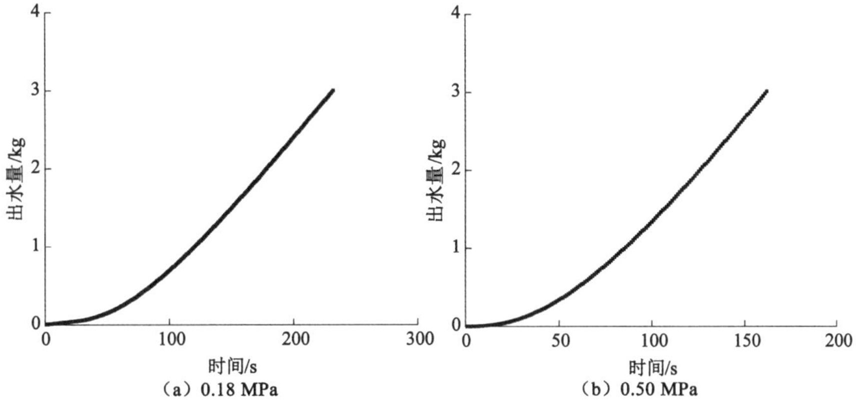

图 4-22　2# 模型不同水压条件下出水量随时间的变化曲线

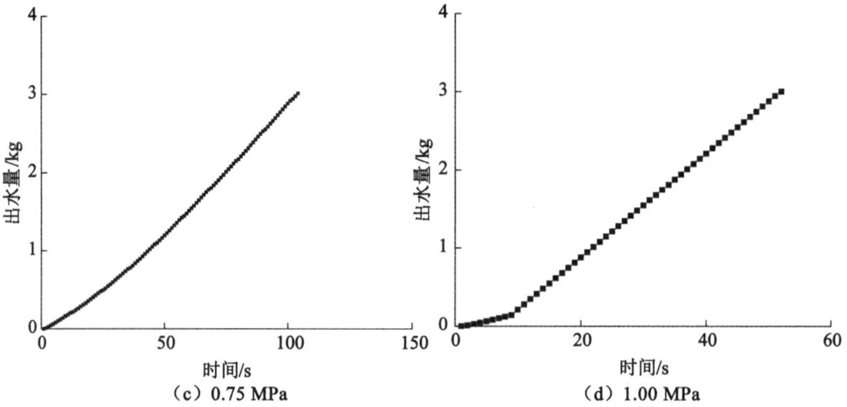

图 4-22 （续）

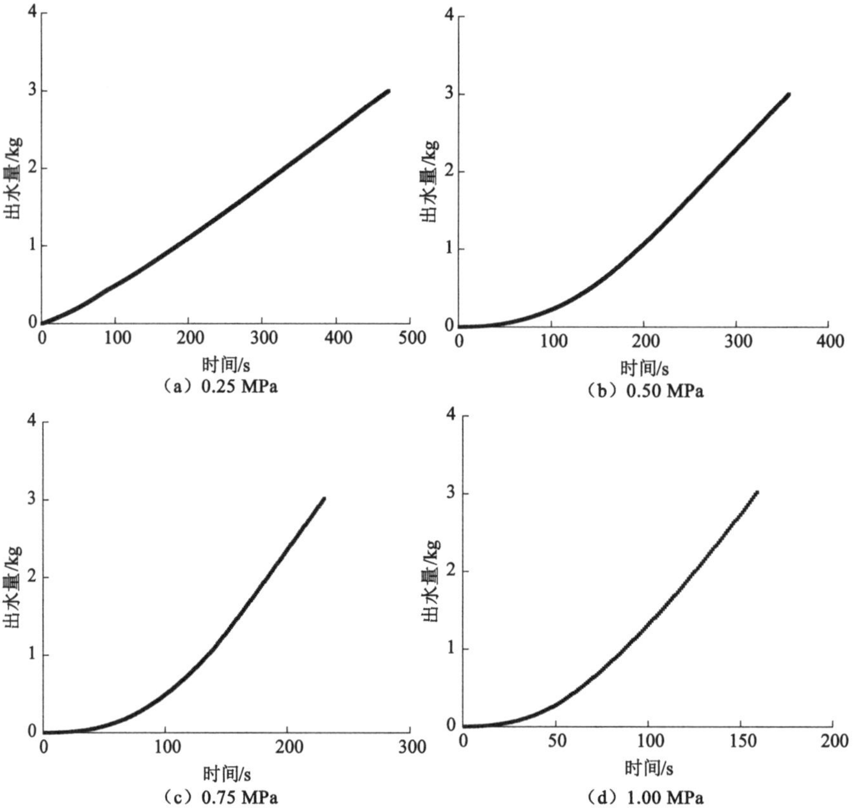

图 4-23 4# 模型不同水压条件下出水量随时间的变化曲线

由图 4-21 可见，1# 模型随着水压力的增大，出水量达到 3 000.0 g 的时间逐渐减小。当水压力从 0.47 MPa 增大到 0.75 MPa 和 1.00 MPa，时间分别从 984 s 减少到 619 s 和 244 s，这表明流速[按式(3-2)计算]随水压力的增大而增大。

部分出水量随时间变化曲线的初始阶段存在出水量随时间非线性增大的现象。这可能是由于试验设备设计缺陷造成的，试验设备的出水口为水平出口，在模型刚开始出水时，出水管道中会储存部分水量，造成出水量随时间非线性增大的现象。

图 4-21～图 4-23 的出水量随时间变化曲线，在经历过初始的非线性变化后，基本呈现出了线性变化规律。这表明流速基本保持稳定，因此，去除曲线初始阶段后，可以采用式(3-2)准确计算流速。

在相同的进水口水压下，3 组模型出水量达到 3 000.0 g 的时间存在很大差异。以进水口水压为 0.75 MPa 为例进行对比发现，3 组模型出水量达到 3 000.0 g 的时间分别为 619 s、104 s 和 230 s，这可能是由于 3 组模型的黏结剂用量不同(水泥用量分别为 170 g/1 000 g、60 g/1 000 g 和 120 g/1 000 g)，导致模型中有效的导水裂隙和贯通孔隙不同。

室内试验观测发现：模型顶部的出水位置多位于陷落柱顶部围岩区域，部分围压顶部围岩区域偶尔也有出水。基于此，认为陷落柱内部是渗流发生的主要区域，因此模型渗流的有效截面积应该为 0.007 85～0.031 4 m^2，为安全起见，在流速计算时取最小截面积 0.007 85 m^2。3 组模型的流速随水压的变化曲线如图 4-24 所示，由图可知：

(1) 在 0.83～3.33 MPa/m(0.25～1 MPa)的压力梯度下，流速处于 10^{-3} m/s 数量级，流速较大。第 3 章破碎岩体的渗透性测试方法与本章基本相同，但在轴压作用下，破碎岩体的流速多处于 10^{-5}～10^{-4} m/s 数量级，比本章流速小 1～2 个数量级。这表明，陷落柱模型存在大量的贯通孔隙和裂隙，与实际岩体更为接近。

(2) 流速随水压的增大呈现出非线性增大的趋势。3 组模型试验均呈现出了相同的变化规律，以图 4-24(c)为例进行说明，水压分别为 0.25 MPa、0.5 MPa、0.75 MPa、1.00 MPa，差值均为 0.25 MPa，对应的流速为 0.81×10^{-3} m/s、1.07×10^{-3} m/s、2.19×10^{-3} m/s、6.45×10^{-3} m/s，

差值分别为 0.26×10^{-3} m/s、1.12×10^{-3} m/s 和 4.26×10^{-3} m/s，水压的差值保持不变，但流速的差值呈现出增大趋势，即前后 2 组流速的差值随水压的增大而增大，陷落柱模型试验表现出了非达西渗流的特点。

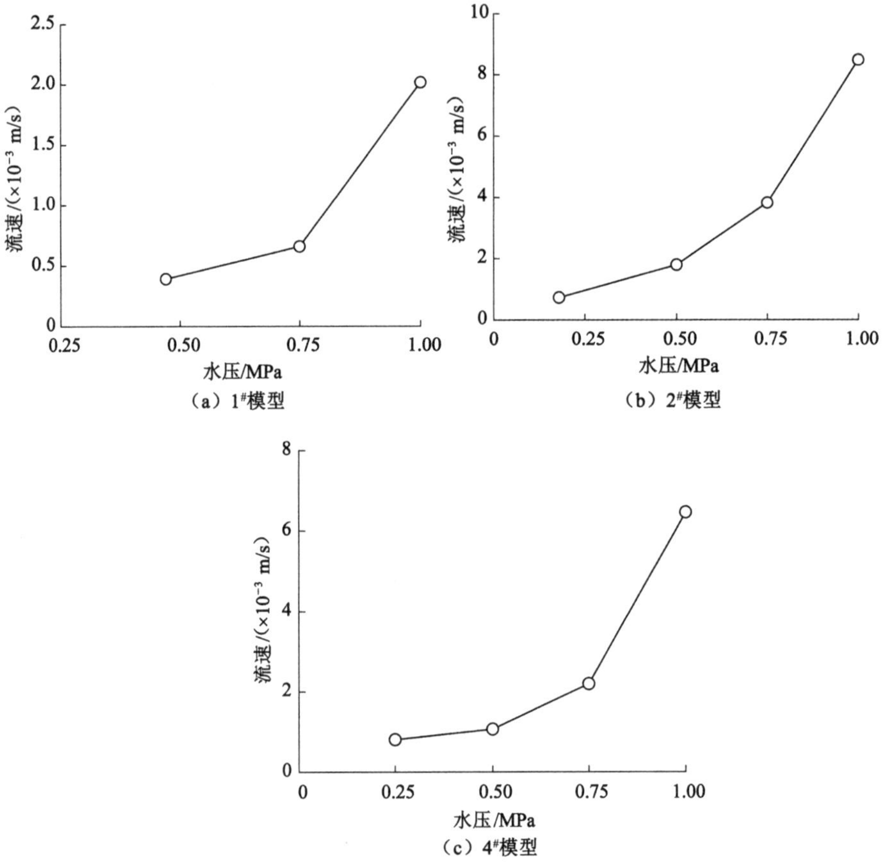

图 4-24　流速随水压的变化曲线

4.5.2　水压对孔隙水压的影响规律

3 组模型试验均埋设了 4 个水压力传感器，即 1～4 号测点，距模型内出水口垂向距离 L 分别为 0.05 m、0.10 m、0.15 m、0.20 m。不同水压力下各模型测点的孔隙水压值如表 4-5 所列。

孔隙水压随进水口水压的变化曲线如图 4-25 所示，孔隙水压随距进水口距离的变化曲线如图 4-26 所示，3 组模型的进水口水压分别为 0.47 MPa、0.75 MPa、1.00 MPa，0.18 MPa、0.50 MPa、0.75 MPa、1.00 MPa，0.25 MPa、0.50 MPa、0.75 MPa、1.00 MPa。由于 1# 模型在进水口水压为 0.47 MPa 时开始出水，为了便于与流速测试结果统一分析，只测试 0.47 MPa、0.75 MPa 和 1 MPa 进水口水压下孔隙水压的变化规律。由图 4-25 和图 4-26 可知：

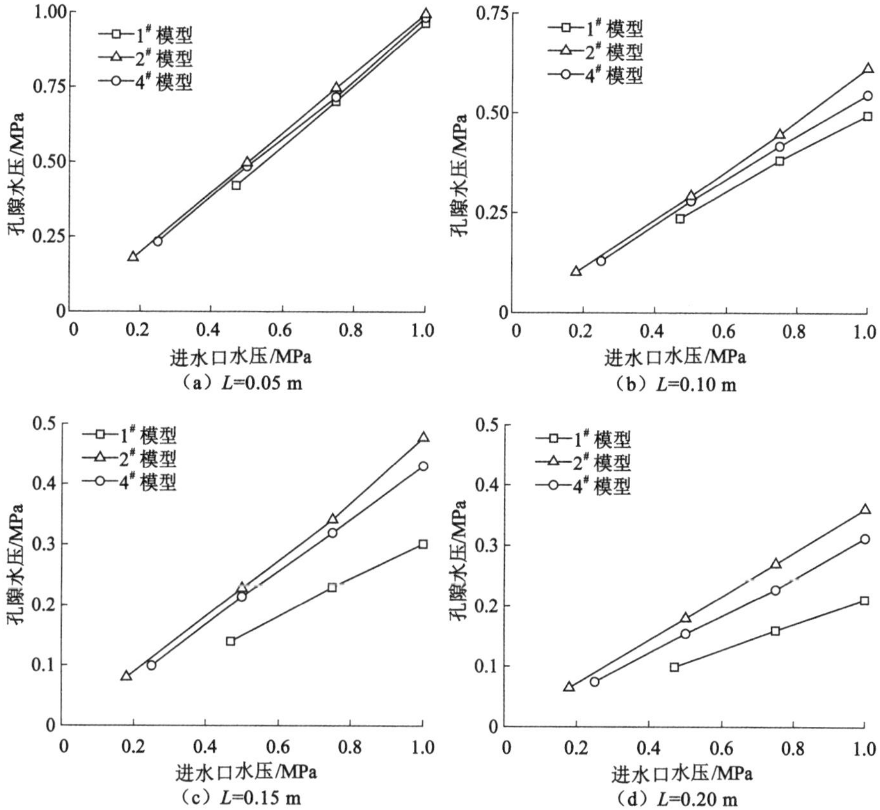

图 4-25 孔隙水压随进水口水压的变化曲线

(1) 各测点的孔隙水压均随进水口水压的增大而增大。以图 4-25(a) 为例进行说明，1# 模型进水口水压为 0.47 MPa、0.75 MPa 和 1.00 MPa 时，距模型进水口垂向距离为 0.05 m 处的孔隙水压分别为 0.42 MPa、0.70 MPa和 0.96 MPa；2# 模型在进水口水压为 0.18 MPa、0.50 MPa、

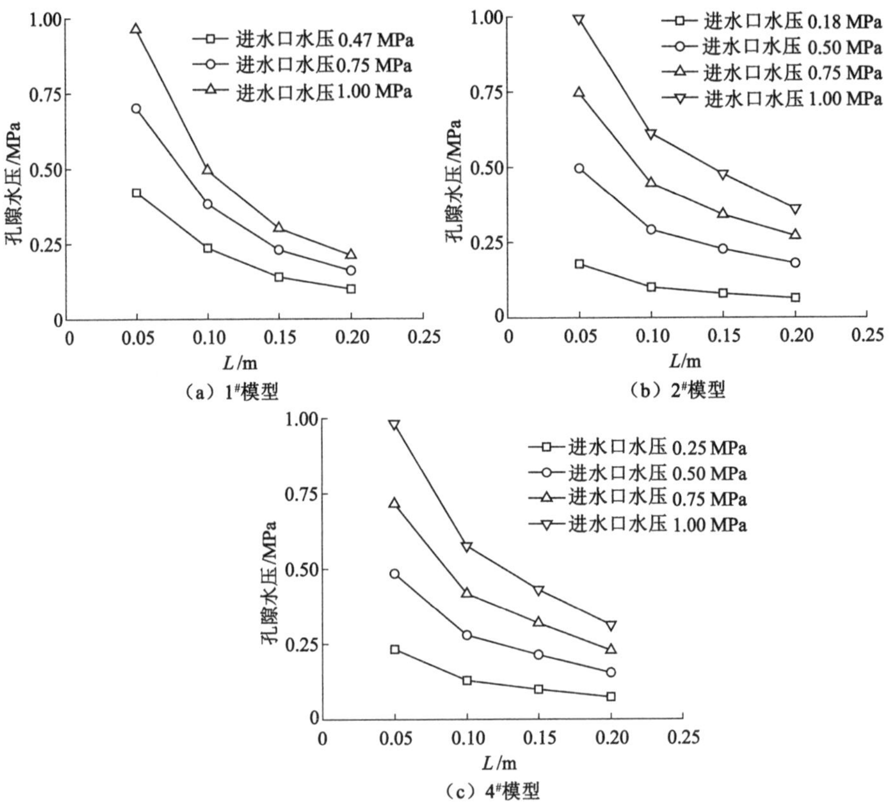

图 4-26　孔隙水压随距进水口距离的变化曲线

0.75 MPa和 1.00 MPa 时，垂向距离 0.05 m 处的孔隙水压分为 0.18 MPa、0.50 MPa、0.75 MPa、0.99 MPa；4# 模型在进水口水压为 0.25 MPa、0.50 MPa、0.75 MPa 和 1.00 MPa 时，垂向距离 0.05 m 处的孔隙水压分为 0.23 MPa、0.48 MPa、0.72 MPa、0.98 MPa。

(2) 在相同的测试位置，进水压力越小出水口水压与孔隙水压的差值越小。以图 4-25(a)为例，在距模型出水口垂向距离为 0.05 m 处，1# 模型 3 个压力等级的差值分别为 0.05 MPa、0.05 MPa 和 0.04 MPa，平均值为 0.05 MPa；2# 模型 4 个压力等级的差值分别为 0.00 MPa、0.00 MPa、0.00 MPa 和 0.01 MPa，平均值为 0.00 MPa；4# 模型 4 个压力等级的差值分别为 0.02 MPa、0.02 MPa、0.03 MPa 和 0.02 MPa，平均值为

0.02 MPa。即进水压力分别为 0.47 MPa、0.18 MPa 和 0.25 MPa，在距模型进水口垂向距离为 0.05 m 处，对应的进水口水压与孔隙水压差值的平均值分别为 0.05 MPa、0.00 MPa 和 0.02 MPa。

(3) 测点的孔隙水压差值随着进水口水压力的增大而增大。以图 4-25(d)为例进行说明，当水压力为 0.75 MPa 时，2# 模型 4 个测点与 1# 模型和 4# 模型的孔隙水压差值分别为 0.11 MPa 和 0.04 MPa，而当水压力为 1.00 MPa 时，其差值分别为 0.15 MPa 和 0.05 MPa。这表明，在不同的模型中，相同厚度的材料消耗水压的能力不同，并且随着水压力的增大，消耗水压能力较弱的材料，其抗压性能随压力增大而逐渐降低。

(4) 孔隙水压随距进水口距离的增大呈现出非线性衰减的趋势。如图 4-26(a)所示，当进水口水压为 0.47 MPa 时，4 个测点的孔隙水压力分别为 0.42 MPa、0.24 MPa、0.14 MPa、0.10 MPa；当进水口水压增大至 0.75 MPa时，4 个测点的孔隙水压力分别为 0.70 MPa、0.38 MPa、0.23 MPa、0.16 MPa；而进水口水压增大至 1.00 MPa 时，4 个测点的孔隙水压力分别为 0.96 MPa、0.49 MPa、0.30 MPa、0.21 MPa。各测点的孔隙水压均呈现出了非线性减小的趋势，与图 4-24 同样表现出了非达西流的特性。

4.5.3 陷落柱影响下的岩体渗流规律

由图 4-26 可知，孔隙水压 P_n 随距进水口距离 L 的增大逐渐衰减，为了研究岩体中流体扩散和孔隙水压的关系，苏海健[216]提出孔隙水压力系数与距离 L 之间存在双曲线关系，即：

$$P_n/P_1 = -A + B/(L + C) \tag{4-5}$$

其中：P_n 代表孔隙水压；P_1 代表最近点的孔隙水压；P_n/P_1 代表孔隙水压力系数；L 代表扩散距离；A、B、C 为双曲线常数，A 对曲线起上下平移作用，而 B、C 决定曲线的变化趋势。

分别对 3 个模型孔隙水压随距进水口距离的变化曲线进行归一化处理，并采用式(4-5)形式基于最小二乘法进行拟合，拟合结果如图 4-27～图 4-29 所示。

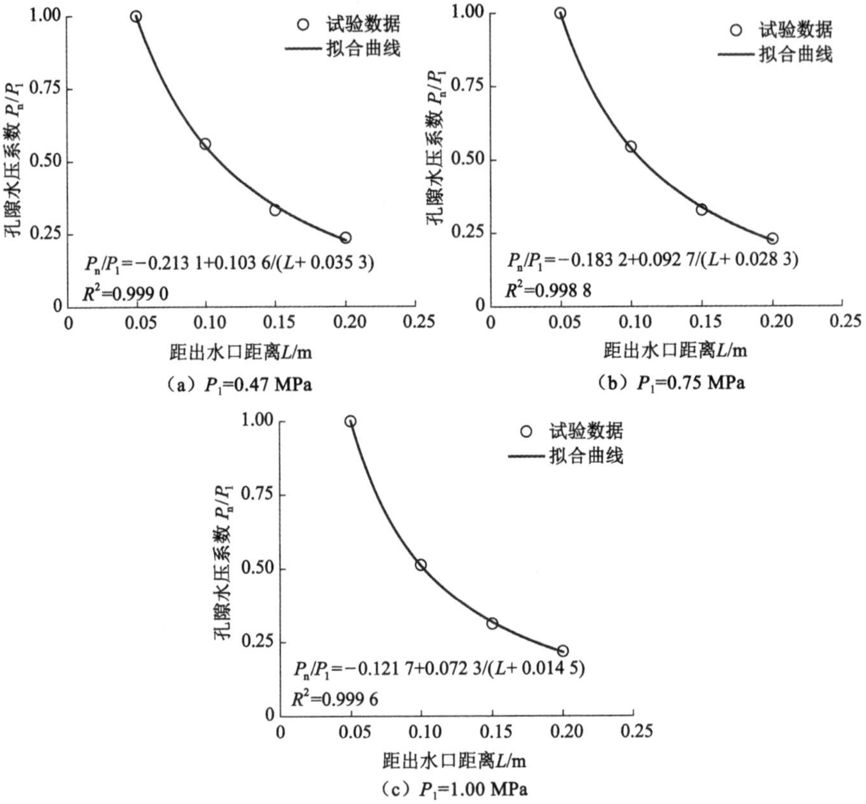

(a) P_1=0.47 MPa (b) P_1=0.75 MPa (c) P_1=1.00 MPa

图 4-27　1# 模型各水压水平的拟合曲线

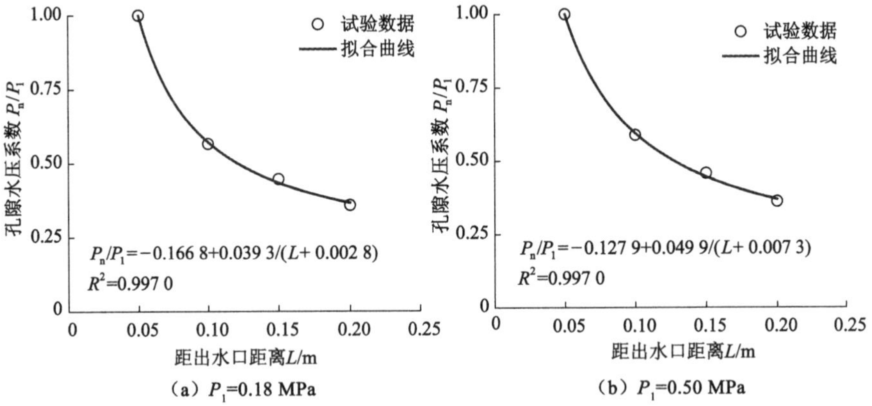

(a) P_1=0.18 MPa (b) P_1=0.50 MPa

图 4-28　2# 模型各水压水平的拟合曲线

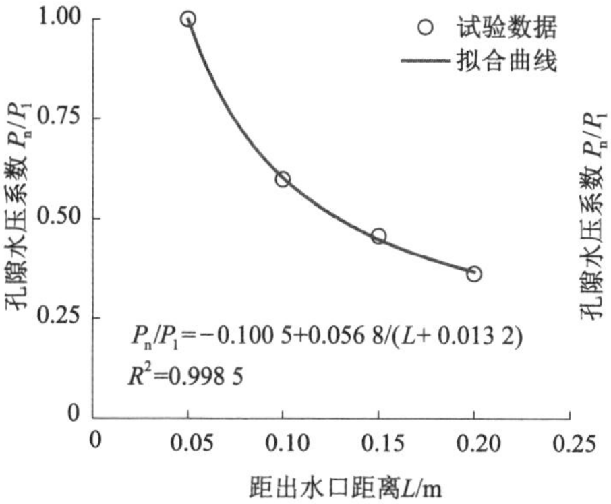

(c) P_1=0.75 MPa

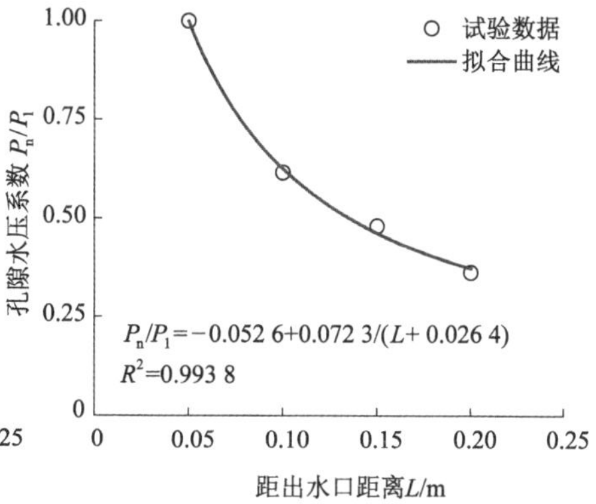

(d) P_1=1.00 MPa

图 4-28 (续)

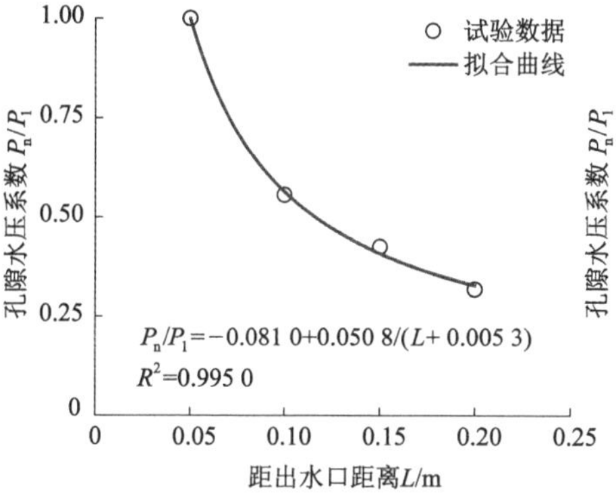

(a) P_1=0.25 MPa

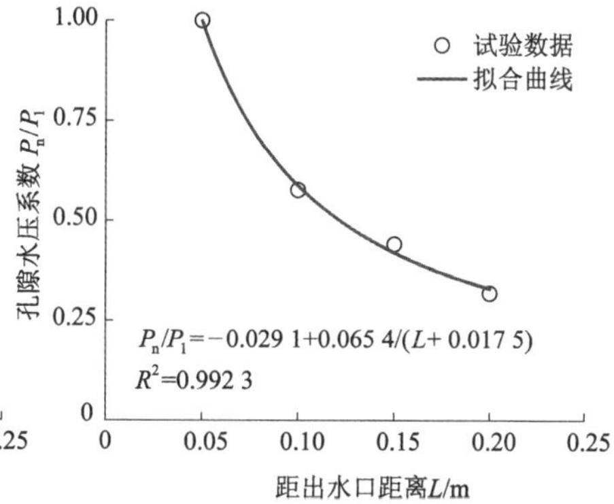

(b) P_1=0.50 MPa

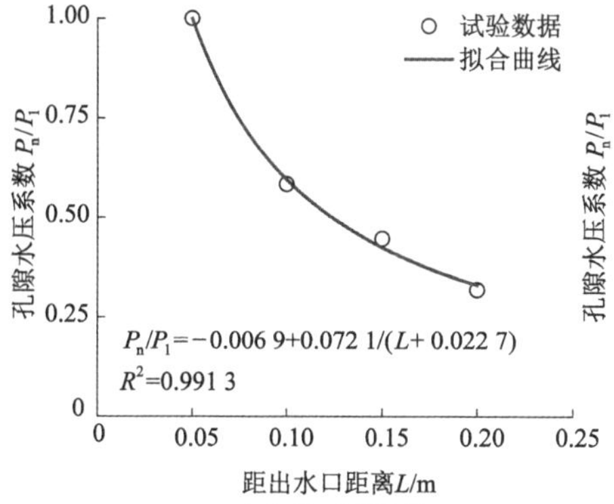

(c) P_1=0.75 MPa

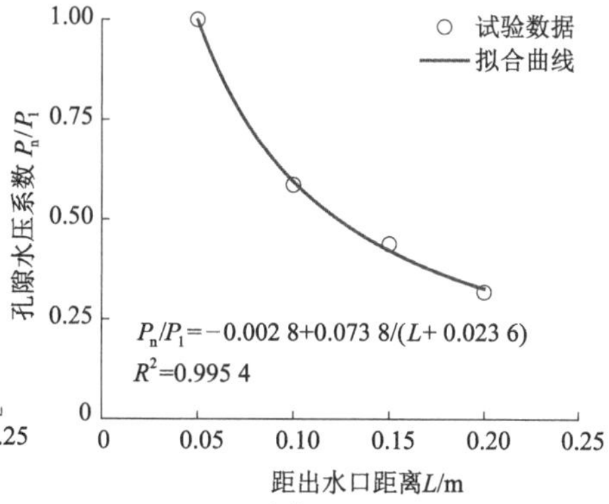

(d) P_1=1.00 MPa

图 4-29 4[#]模型各水压力水平的拟合曲线

拟合结果显示，试验数据和拟合曲线间的拟合误差系数 R^2 均大于0.99，表明拟合结果良好。

若将式(4-5)中的 P_1 作为常数，将式中的 P_n-L 关系代入式(3-8)的非达西流福熙海麦(Forchheimer)方程，则有

$$\frac{\partial[-AP_1+BP_1/(C+L)]}{\partial L}=\frac{\mu}{k}v+\beta\rho v^2 \tag{4-6}$$

式(4-6)的左式可以转化为 $-BP_1(C+L)^{-2}$ 形式，而拟合结果显示 B 为正数，即左式恒为负值，而式(4-6)的右式中 μ、k、ρ 均为正常数，则非达西流 β 必然为负值。

对图4-27～图4-29的拟合结果进行整理，各模型不同水压力水平的拟合参数 A、B、C 及拟合误差系数 R^2 如表4-6所列。各模型的拟合参数 A、B、C 随水压 P_1 的变化规律如图4-30所示。由图可见各模型的拟合参数 A 均呈现出了减小的趋势，1[#]模型的拟合参数 B、C 呈现出了相同的减小趋势，而2[#]和4[#]模型的拟合参数 B、C 呈现出了相同的增大趋势。

表4-6　各模型不同水压力水平的拟合结果

模型	P_1/MPa	拟合参数			R^2
		A	B	C	
1[#]模型	0.25	—	—	—	—
	0.47	0.213 1	0.103 6	0.035 3	0.999 0
	0.75	0.183 2	0.092 7	0.028 3	0.998 8
	1.00	0.121 7	0.072 3	0.014 5	0.999 6
模型	P_1/MPa	拟合参数			R^2
		A	B	C	
2[#]模型	0.18	0.166 8	0.039 3	0.002 8	0.997 0
	0.50	0.127 9	0.049 9	0.007 3	0.997 0
	0.75	0.100 5	0.056 8	0.013 2	0.998 5
	1.00	0.052 6	0.072 3	0.026 4	0.993 8

表 4-6(续)

模型	P_1/MPa	拟合参数			R^2
		A	B	C	
4# 模型	0.25	0.081 0	0.050 8	0.005 3	0.995 0
	0.50	0.029 1	0.065 4	0.017 5	0.992 3
	0.75	0.006 9	0.072 1	0.022 7	0.991 3
	1.00	0.002 8	0.073 8	0.023 6	0.995 4

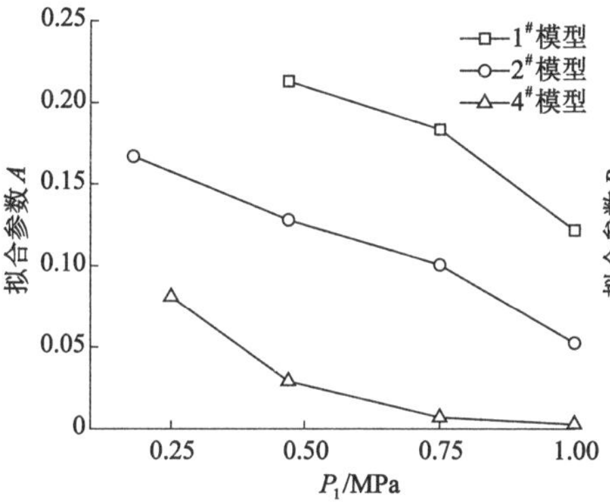

(a) 拟合参数A

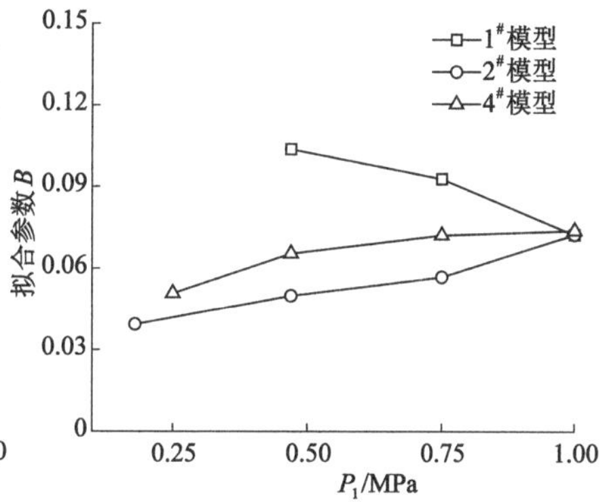

(b) 拟合参数B

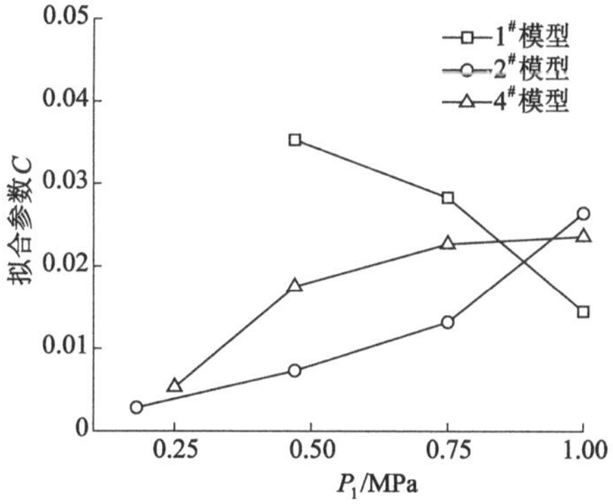

(c) 拟合参数C

图 4-30　各模型双曲线拟合参数随水压的变化曲线

4.5.4 含陷落柱岩体的非达西流特性

在模型试验中，含陷落柱岩体的水压-流速规律和孔隙水压-距离规律均表现出了非达西流的特点。为了研究含陷落柱岩体的非达西流特性，根据孔隙水压-距离的变化规律计算模型顶部水压力，进而根据水压梯度-流速的变化规律基于最小二乘法进行非达西流拟合，求得渗透率和非达西流 β 因子。

各模型不同压力水平水压梯度和流速的试验及拟合计算结果如表 4-7 所列，模型试验中出水口距模型顶部的垂向距离为 0.3 m，1[#]、2[#] 和 4[#] 模型的最小出水水压分别为 0.47 MPa、0.18 MPa、0.25 MPa，由顶部水压的计算结果可以看此时顶部的水压分别为 0.095 9 MPa、−0.037 1 MPa、0.085 3 MPa，非常接近于 0，这表明孔隙水压-垂向距离的变化规律可以有效地被试验结果所验证。此外，为了便于非达西流计算，将 2[#] 模型出水口水压 0.18 MPa 的顶部水压−0.037 1 MPa 近似考虑为 0。

表 4-7　各模型不同压力水平的水压梯度和流速

1[#] 模型	水压/MPa			
	0.25	0.47	0.75	1.00
顶部水压/MPa	—	0.095 9	0.099 1	0.108 3
水压梯度/(MPa/m)	—	1.246 8	2.169 8	2.972 3
流速/($\times 10^{-3}$ m/s)	—	0.39	0.66	2.02
2[#] 模型	水压/MPa			
	0.18	0.50	0.75	1.00
顶部水压/MPa	−0.037 1	0.034 6	0.080 9	0.168 8
水压梯度/(MPa/m)	0.600 0	1.551 4	2.230 2	2.770 5
流速/($\times 10^{-3}$ m/s)	0.73	1.79	3.81	8.48
4[#] 模型	水压/MPa			
	0.25	0.50	0.75	1.00
顶部水压/MPa	0.085 3	0.177 0	0.216 4	0.225 2
水压梯度/(MPa/m)	0.548 9	1.076 6	1.778 5	2.582 7
流速/($\times 10^{-3}$ m/s)	0.81	1.07	2.19	6.45

分别对 1[#]、2[#] 和 4[#] 模型水压梯度随流速变化趋势进行非达西流拟合,拟合结果如图 4-31 所示。

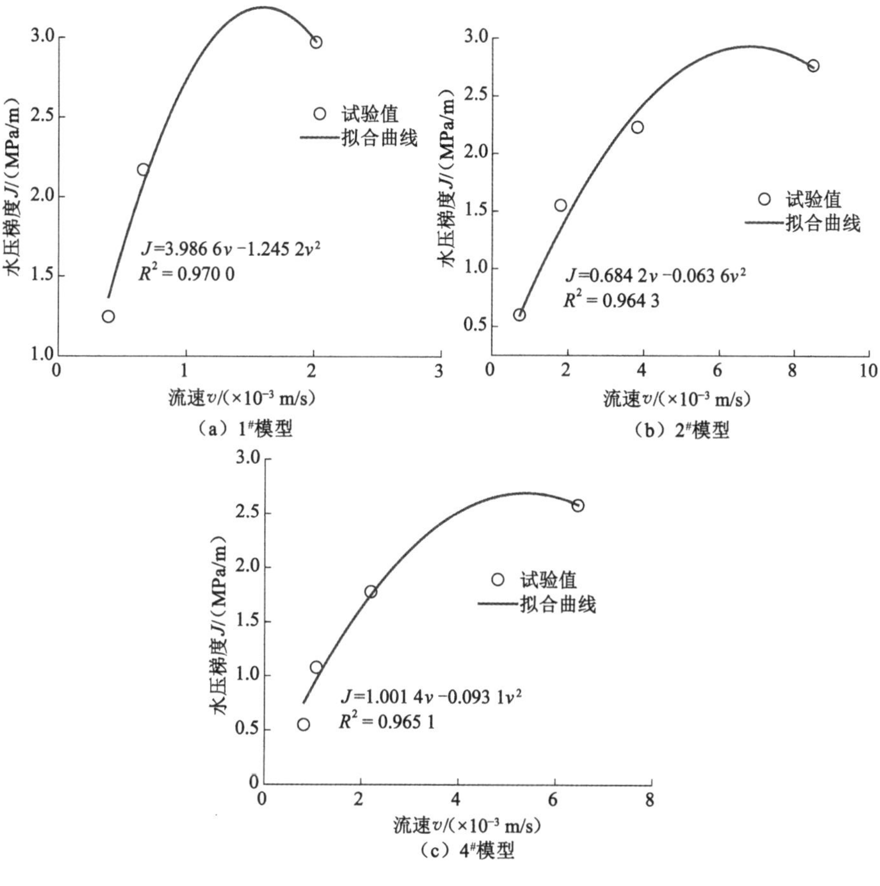

图 4-31 水压梯度随流速的变化曲线

拟合结果均呈现出以下形式:

$$J = Dv - Ev^2 \tag{4-7}$$

式中:J 代表水压梯度,即$\partial P/\partial L$;v 代表流速;D、E 为非达西流参数,$D=\mu/k$,$E=-\beta\rho$。

第 3 章已经对非达西流 β 因子进行讨论,认为非达西流 β 因子为负是渗流突变发生的充分必要条件,显然 4.5.1 小节和式(4-7)显示含陷落柱岩体的模型试验的非达西流 β 因子均为负,即含陷落柱岩体已经出现了随着时间的推移，渗透率（如果按照达西流讨论）逐渐降低的现象，而随着水压增大岩体的流速出现加速增长的规律，岩体的孔隙度逐渐增大、阻隔水能力逐渐降低，与实际的陷落柱突水规律相符。

非达西流的计算结果如表 4-8 所示，非达西流渗透率处于 10^{-13}～10^{-12} m^2 数量级，远大于陷落柱填隙物和破碎岩体的试验结果，这与实际岩体和试验的渗流规律相符，并且 1#、2# 和 4# 模型的阻隔水能力为 2# <4# <1#，其渗透率也存在同样的变化规律。

表 4-8　模型试验的非达西流计算结果

非达西流	1# 模型	2# 模型	4# 模型
$k/(\times 10^{-12}\ m^2)$	0.25	1.16	1.00
$\beta/(\times 10^{11}\ m^{-1})$	−12.45	−0.63	−0.93

4.6　本章小结

本章通过含陷落柱岩体的模型试验系统对含陷落柱岩体的渗流特性进行研究，得出以下主要结论：

(1) 含陷落柱岩体的模型测试结果显示，流速随水压的增大呈现出了加速增大的趋势，孔隙水压随距进水口垂向距离的增大呈现出了非线性减小的趋势，水压-流速及孔隙水压-扩散距离间均呈现出了典型的非达西流特性。

(2) 孔隙水压-扩散距离间存在近似双曲线的变化规律，启动水压梯度的测试可以有效验证双曲线变化规律的正确性，在双曲线规律的基础上可以再次验证在渗流突变发生时，非达西流 Forchheimer 方程中非达西流 β 因子为负的正确性。

(3) 非达西流的计算结果显示，渗透率处于 10^{-13}～10^{-12} m^2 数量级，远小于岩样试验的测试结果，并且模型试验呈现出了与第 3 章相似的渗流突变趋势，符合实际的陷落柱突水规律。

5　陷落柱突水机理的数值模拟研究

底板陷落柱的渗流演化过程十分复杂，岩体的渗流特性、含水层水压、陷落柱的胶结压实程度等都会对其造成影响，在陷落柱渗流演化过程中，水压逐渐从含水层通过陷落柱向煤层底板传递，穿越底板隔水层形成突水。因此本章在陷落柱渗流演化规律研究的基础上，对陷落柱突水规律进行数值模拟研究，试图找出陷落柱突水发生的真实原因。

FLAC3D 软件中包含两种渗流计算的方法，可以模拟流固耦合问题，但它通常只考虑渗流场对应力场的影响，不包含应力场变化（采动影响等）对渗流场的影响，而实际采动影响后岩体渗流特性的变化是陷落柱突水的重要影响因素。基于此，本章首先通过还原底板陷落柱的渗流演化机理，确定陷落柱突水模型的渗流参数，并且通过第 3、4 章的试验结果分析采动影响对岩体渗流特性的影响，进而建立陷落柱突水模型，研究陷落柱的突水机理。

5.1　底板隐伏陷落柱渗流参数的确定

5.1.1　底板隐伏陷落柱渗流模型的建立

为了进行陷落柱突水机理的数值模拟研究，首先参照试验模型建立如图 5-1 所示的底板隐伏陷落柱的数值模拟计算模型，模型网格划分如

图 5-1(a)所示，共 30 000 个网格，模型尺寸如图 5-1(b)所示，各尺寸的比例关系均与试验模型设计相同。通过改变渗流参数与试验结果进行对比来确定陷落柱突水机理计算模型的渗流参数。具体的数值计算方案如表 5-1所示，数值计算模型共 10 组，分别改变陷落柱和影响带的渗透率大小(1# ～5# 模型)和比例(6# ～10# 模型)。

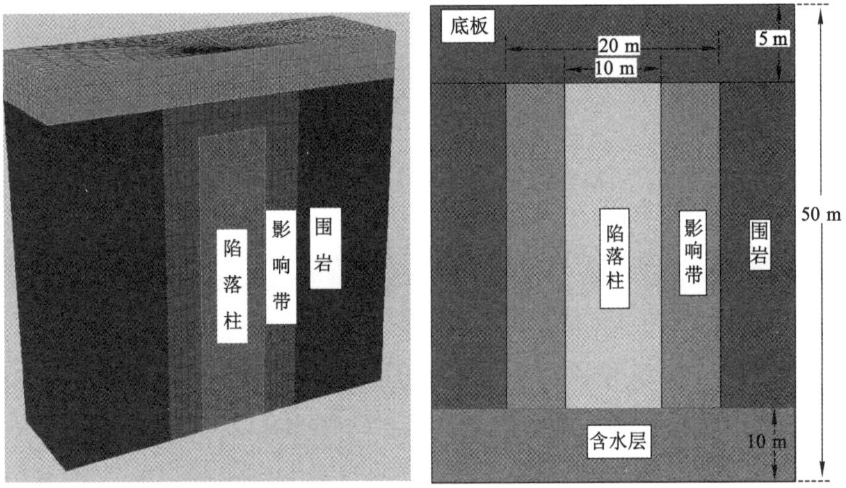

(a) 网格划分　　(b) 尺寸

图 5-1　数值模型示意图

表 5-1　数值模型计算方案

模型参数	计算模型									
	1#		2#		3#		4#		5#	
	陷落柱	影响带	陷落柱	影响带	陷落柱	影响带	陷落柱	影响带	陷落柱	影响带
渗透率/($\times 10^{-11}$ m^2)	15.00	1.50	12.50	1.25	10.00	1.00	7.50	0.75	5.00	0.50
渗透率比例	10∶1		10∶1		10∶1		10∶1		10∶1	

模型参数	计算模型									
	6#		7#		8#		9#		10#	
	陷落柱	影响带	陷落柱	影响带	陷落柱	影响带	陷落柱	影响带	陷落柱	影响带
渗透率/($\times 10^{-11}$ m^2)	10.00	5.00	10.00	2.50	10.00	1.00	10.00	0.75	10.00	0.50
渗透率比例	10∶5		10∶2.5		10∶1		10∶0.75		10∶0.5	

5.1.2 渗透率大小对陷落柱渗流特性的影响

参照第 4 章模型试验的分析方法，采用式(4-5)对孔隙水压与距含水层之间距离的关系进行分析，1# ～5# 数值模型的拟合结果如图 5-2～图 5-6所示。

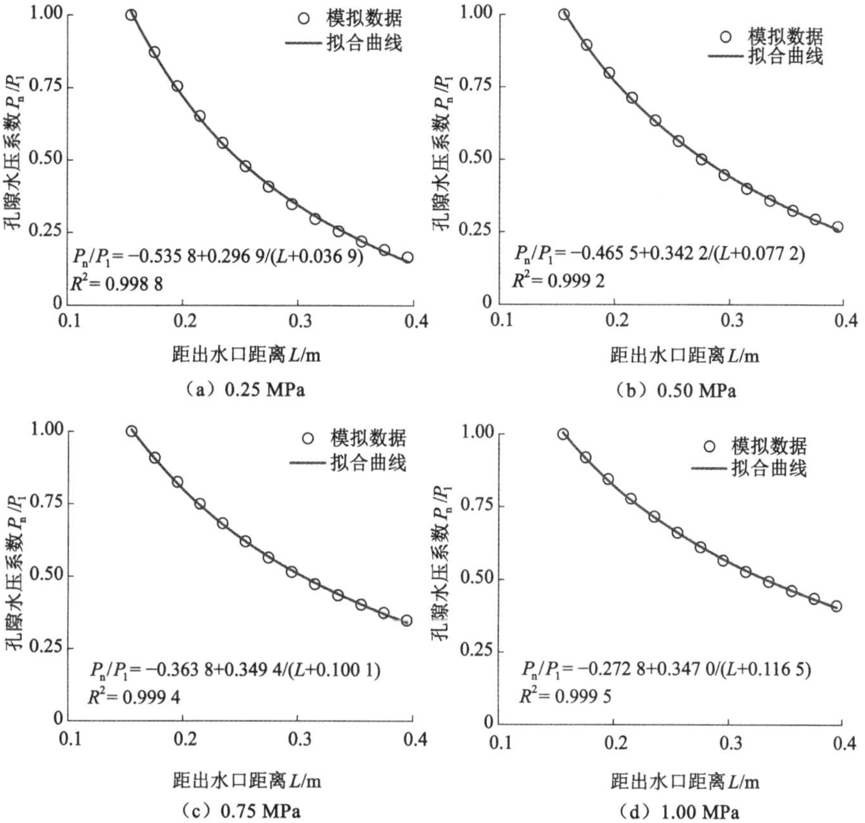

图 5-2　1# 数值模型各水压水平的拟合曲线

不同水压水平 1# ～5# 数值模型的拟合参数 A、B、C 的计算结果如表 5-2 所列，各数值模型的拟合结果显示，拟合相关系数均大于 0.99，这表明拟合结果良好。1# ～5# 数值模型双曲线拟合参数的变化曲线如图 5-7 所示。由表 5-2 和图 5-7 可知：

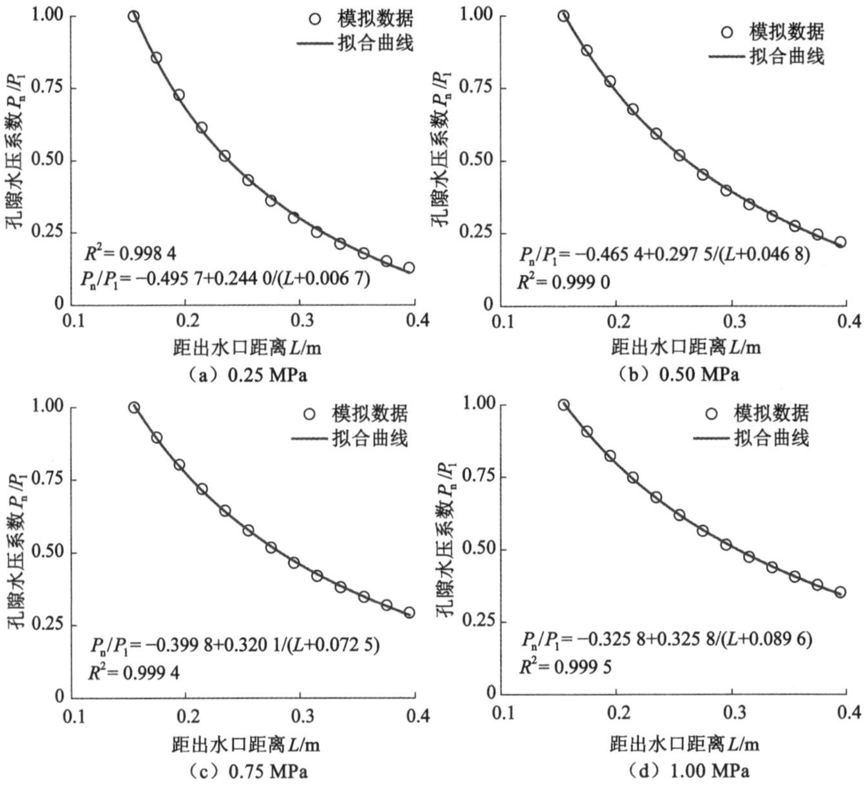

图 5-3　2[#] 数值模型各水压水平的拟合曲线

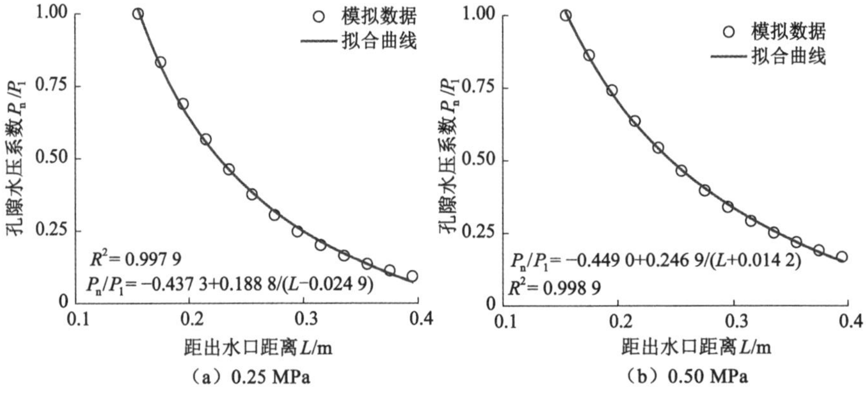

图 5-4　3[#] 数值模型各水压水平的拟合曲线

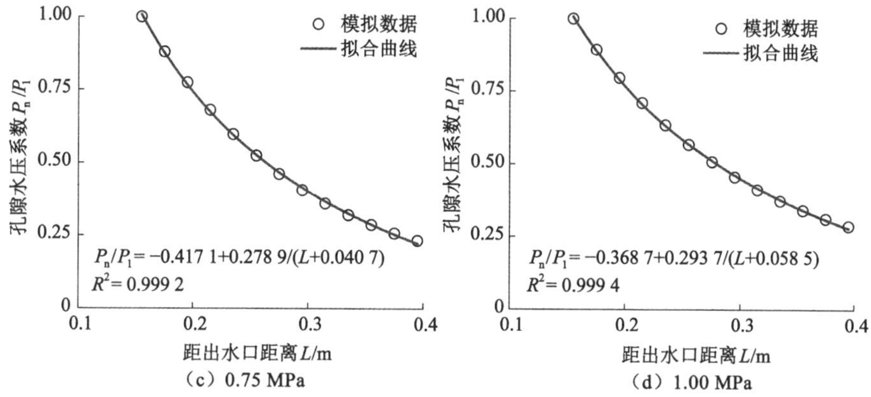

图 5-4 （续）

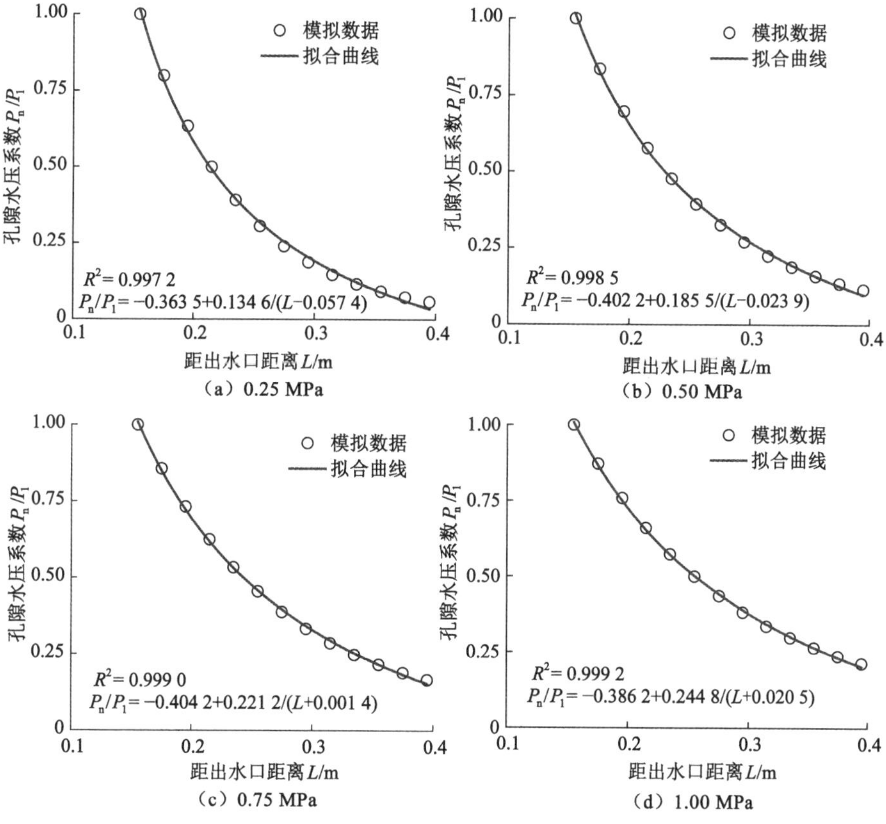

图 5-5 4[#] 数值模型各水压水平的拟合曲线

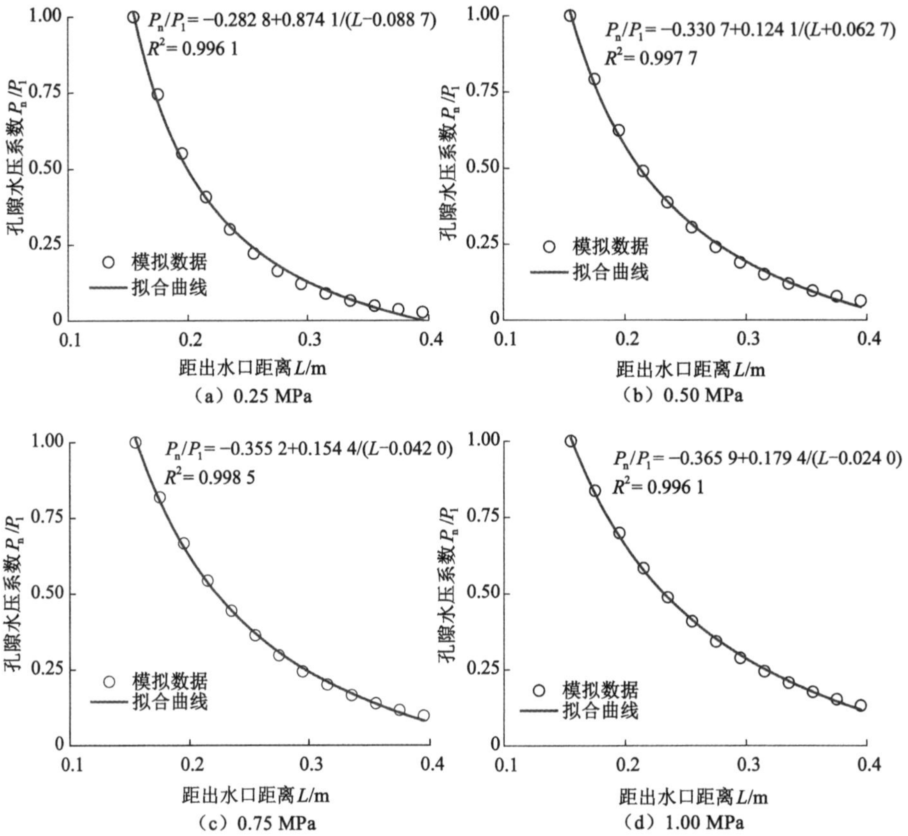

图 5-6　5# 数值模型各水压水平的拟合曲线

表 5-2　各数值模型不同水压水平的拟合参数 *A*、*B*、*C* 的计算结果

模型	P_1/MPa	拟合参数			R^2
		A	B	C	
1# 数值模型	0.25	0.535 8	0.296 9	0.036 9	0.998 8
	0.50	0.465 5	0.342 2	0.077 2	0.999 2
	0.75	0.363 8	0.349 4	0.100 1	0.999 4
	1.00	0.272 8	0.347 0	0.116 5	0.999 5

表 5-2(续)

模型	P_1/MPa	拟合参数			R^2
		A	B	C	
2# 数值模型	0.25	0.495 7	0.244 0	0.006 7	0.998 4
	0.50	0.465 4	0.297 5	0.046 8	0.999 0
	0.75	0.399 8	0.320 1	0.072 5	0.999 4
	1.00	0.325 8	0.325 8	0.089 6	0.999 5
模型	P_1/MPa	拟合参数			R^2
		A	B	C	
3# 数值模型	0.25	0.437 3	0.188 8	−0.024 9	0.997 9
	0.50	0.449 0	0.246 9	0.014 2	0.998 9
	0.75	0.417 1	0.278 9	0.040 7	0.999 2
	1.00	0.368 7	0.293 7	0.058 5	0.999 4
模型	P_1/MPa	拟合参数			R^2
		A	B	C	
4# 数值模型	0.25	0.363 5	0.134 6	−0.057 4	0.997 2
	0.50	0.402 2	0.185 5	−0.023 9	0.998 5
	0.75	0.404 2	0.221 2	0.001 4	0.999 0
	1.00	0.386 2	0.244 8	0.020 5	0.999 2
模型	P_1/MPa	拟合参数			R^2
		A	B	C	
5# 数值模型	0.25	0.282 8	0.087 4	−0.088 7	0.996 1
	0.50	0.330 7	0.124 1	−0.062 7	0.997 7
	0.75	0.355 2	0.154 4	−0.042 0	0.998 5
	1.00	0.365 9	0.179 4	−0.024 0	0.996 1

(1) 随着水压的增大,1# ～5# 数值模型的拟合参数基本呈现出相似的变化趋势。例如拟合参数 B 随着水压的增大均呈现出了增大的趋势,并且拟合参数 B 曲线的斜率随着水压增大逐渐趋近于 0,这表明随着水压的增大,拟合参数 B 趋向于一个稳定值;拟合参数 C 随着水压的增大也呈现出了增大的趋势,但 3# 、4# 和 5# 模型均出现了拟合参数 C 为负的情况。

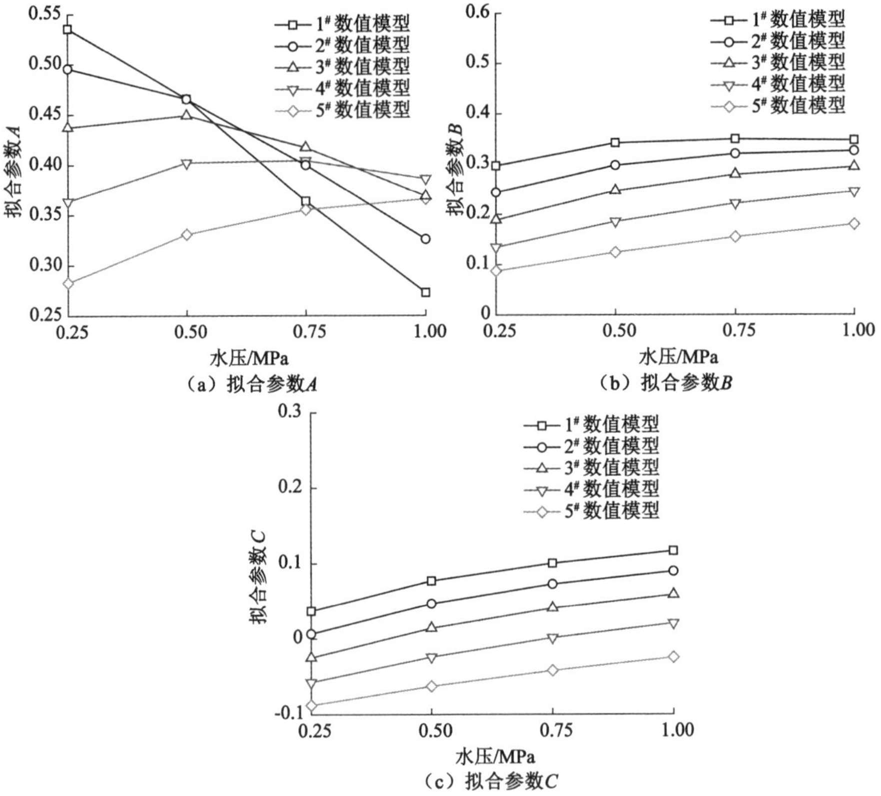

图 5-7　1# ～5# 数值模型双曲线拟合参数的变化曲线

(2) 拟合参数 A 和拟合参数 C 存在着相互影响关系。当拟合参数 C 为正时，拟合参数 A 随水压的增大而减小，如 1# 和 2# 数值模型；但当拟合参数 C 为负时，拟合参数 A 随水压的增大而增大，如 5# 数值模型。因此，当水压由 0.25 MPa 增大到 1.00 MPa 时，拟合参数 C 部分为负、部分为正时，拟合参数 A 随水压的变化曲线会呈现出先增大后减小的变化规律。

1# ～5# 数值模型不同水压下双曲线拟合参数随模型渗透率大小的变化曲线如图 5-8 所示。由图 5-8 可知：在不同的水压水平下，数值模拟双曲线的拟合参数 B、C 随着渗透率的增大均呈现出相同的增大趋势；当水压力为 0.25 MPa 时，拟合参数 A 随着渗透率的增大而增大，当水压力为 0.50～1.00 MPa 时，拟合参数 A 随渗透率的增大呈现出了先增大后减小的趋势。

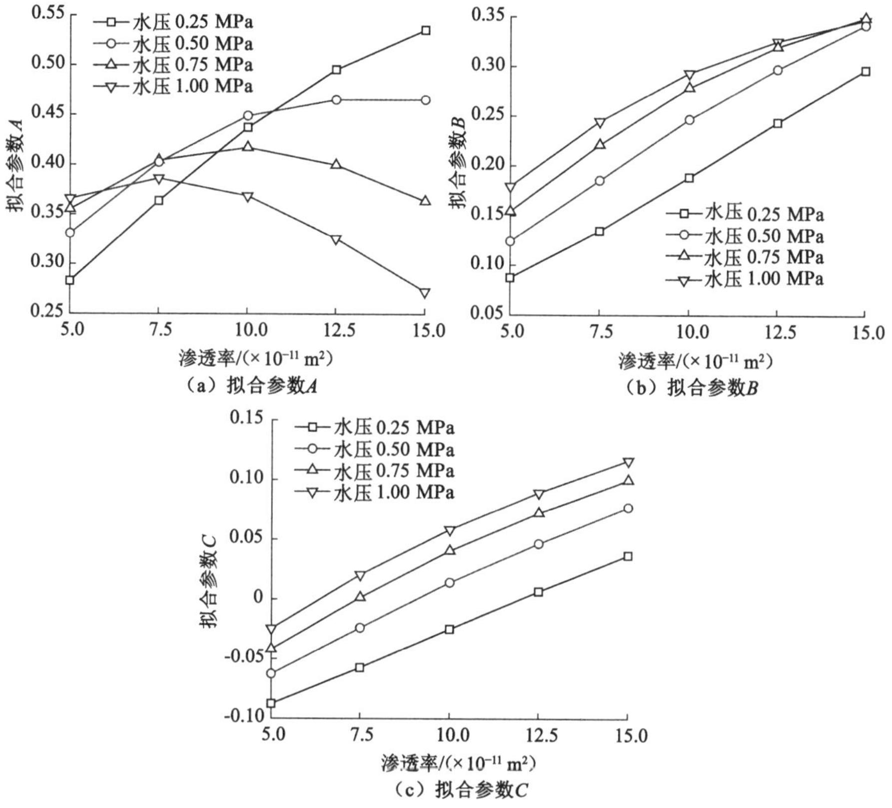

图 5-8 各数值模型不同水压下双曲线拟合参数随模型渗透率大小的变化曲线

5.1.3 渗透率比例对陷落柱渗流特性的影响

本节采用同 5.1.2 小节的分析方法对数值模拟计算结果进行分析和说明，6# ～10# 模型各水压水平的拟合曲线如图 5-9～图 5-13 所示。

不同水压水平 6# ～10# 数值模型的拟合参数 A、B、C 的计算结果如表 5-3 所列，各数值模型的拟合结果良好(拟合相关系数均大于 0.99)。6# ～10# 数值模型双曲线拟合参数的变化曲线如图 5-14 所示。由表 5-3 和图 5-14 可知：

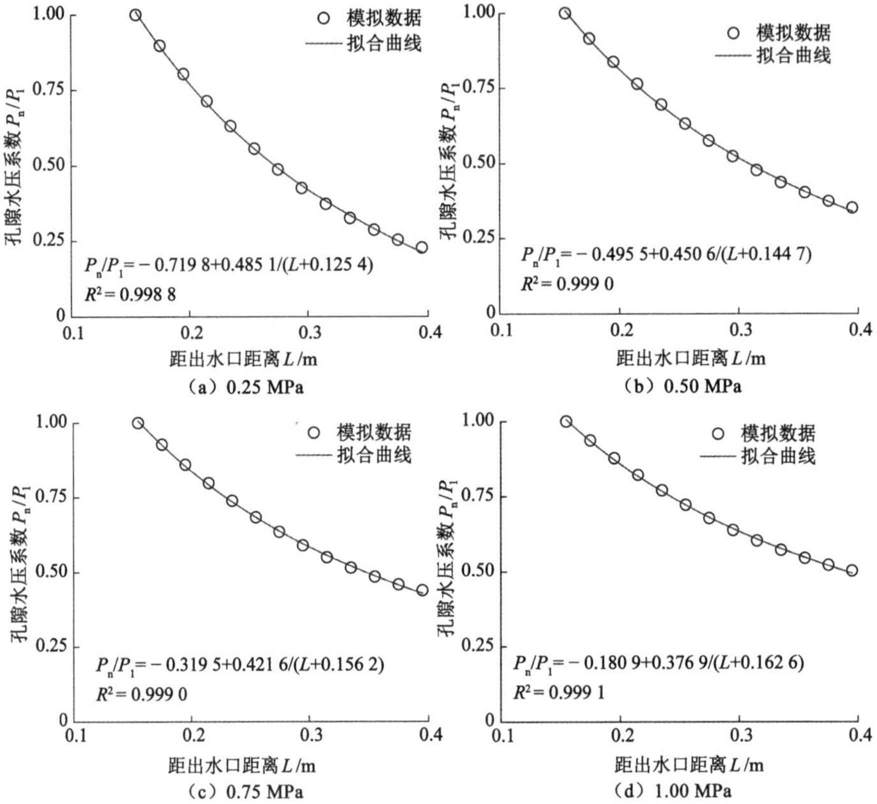

图 5-9　6# 数值模型各水压水平的拟合曲线

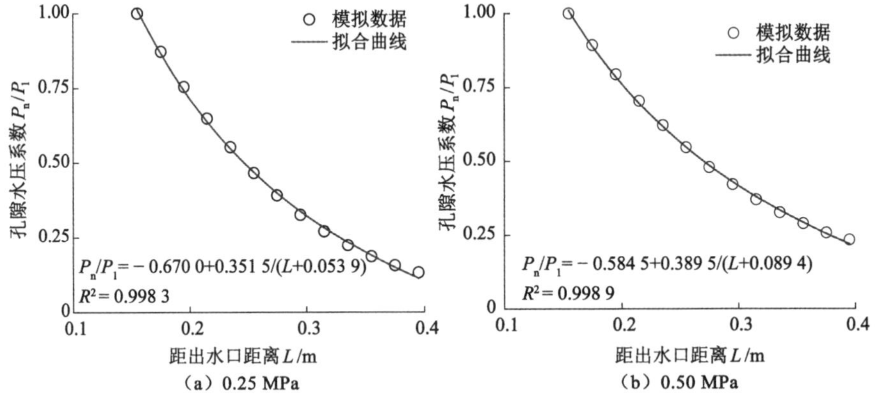

图 5-10　7# 数值模型各水压水平的拟合曲线

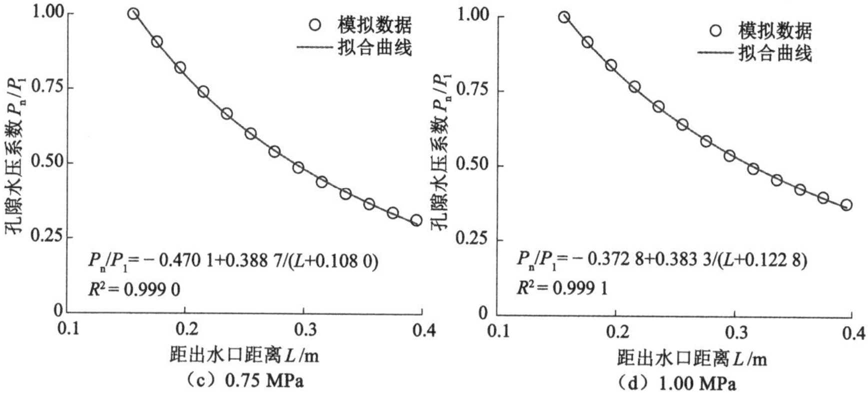

图 5-10 （续）

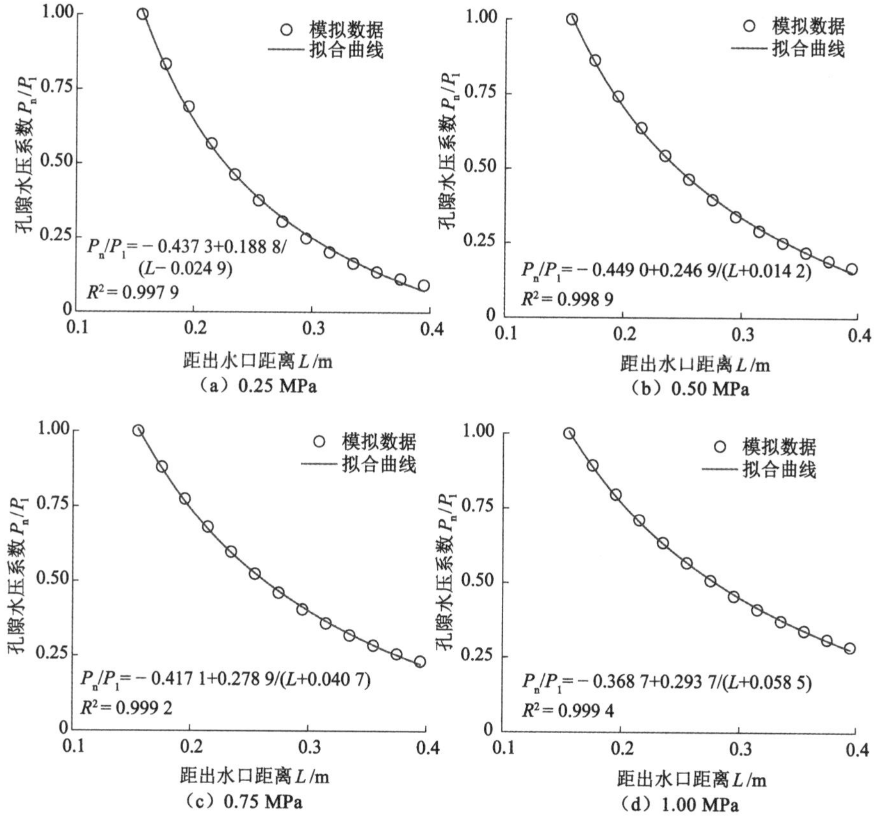

图 5-11　8# 数值模型各水压水平的拟合曲线

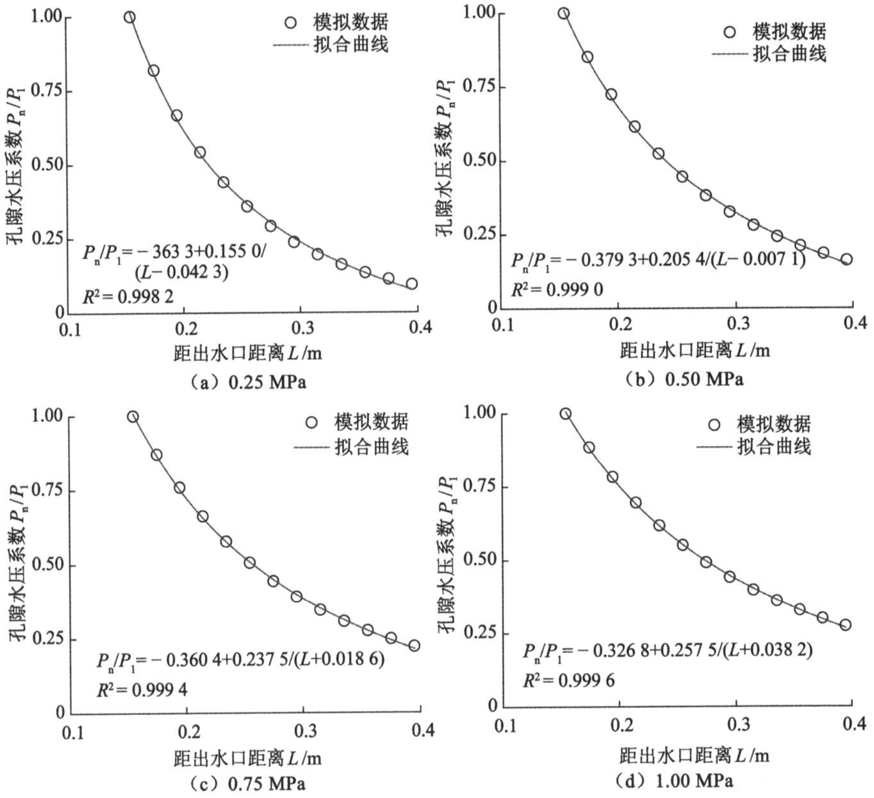

图 5-12　9# 数值模型各水压水平的拟合曲线

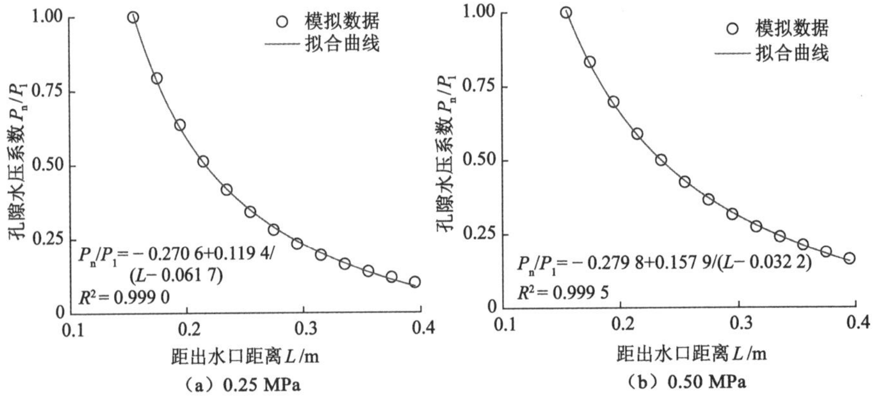

图 5-13　10# 数值模型各水压水平的拟合曲线

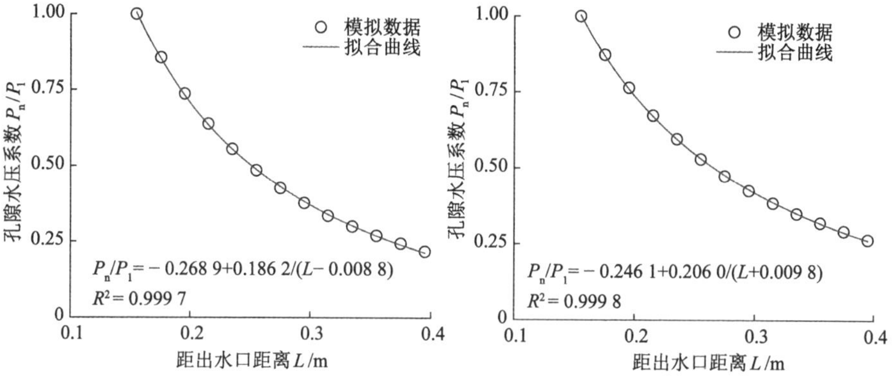

（c）0.75 MPa　　（d）1.00 MPa

图 5-13 （续）

表 5-3　6# ～10# 数值模型不同水压水平的拟合参数 A、B、C 的计算结果

模型	P_1/MPa	拟合参数			R^2
		A	B	C	
6# 数值模型	0.25	0.719 8	0.485 1	0.125 4	0.998 8
	0.50	0.495 5	0.450 6	0.144 7	0.999 0
	0.75	0.319 5	0.421 6	0.156 2	0.999 0
	1.00	0.180 9	0.376 9	0.162 6	0.999 1

模型	P_1/MPa	拟合参数			R^2
		A	B	C	
7# 数值模型	0.25	0.670 0	0.351 5	0.053 9	0.998 3
	0.50	0.584 5	0.389 5	0.089 4	0.998 9
	0.75	0.470 1	0.388 7	0.108 0	0.999 0
	1.00	0.372 8	0.383 3	0.122 8	0.999 1

模型	P_1/MPa	拟合参数			R^2
		A	B	C	
8# 数值模型	0.25	0.437 3	0.188 8	−0.024 9	0.997 9
	0.50	0.449 0	0.246 9	0.014 2	0.998 9
	0.75	0.417 1	0.278 9	0.040 7	0.999 2
	1.00	0.368 7	0.293 7	0.058 5	0.999 4

表 5-3(续)

模型	P_1/MPa	拟合参数			R^2
		A	B	C	
9# 数值模型	0.25	0.363 3	0.155 0	−0.042 3	0.998 2
	0.50	0.379 3	0.205 4	−0.007 1	0.999 0
	0.75	0.360 4	0.237 5	0.018 6	0.999 4
	1.00	0.326 8	0.257 5	0.038 2	0.999 6
模型	P_1/MPa	拟合参数			R^2
		A	B	C	
10# 数值模型	0.25	0.270 6	0.119 4	−0.061 7	0.999 0
	0.50	0.279 8	0.157 9	−0.032 2	0.999 5
	0.75	0.268 9	0.186 2	−0.008 8	0.999 7
	1.00	0.246 1	0.206 0	0.009 8	0.999 8

(1) 随着水压的增大，6# ～10# 数值模型的拟合参数 C 基本呈现出相似的变化趋势。各数值模型的拟合参数 C 随着水压的增大均呈现出了增大的趋势，并且拟合参数 C 曲线的斜率随着水压增大逐渐趋近于 0，即拟合参数 C 趋向于一个稳定值；与 1# ～5# 数值模型类似，6# ～10# 数值模型中部分拟合参数 C 也出现了负值。

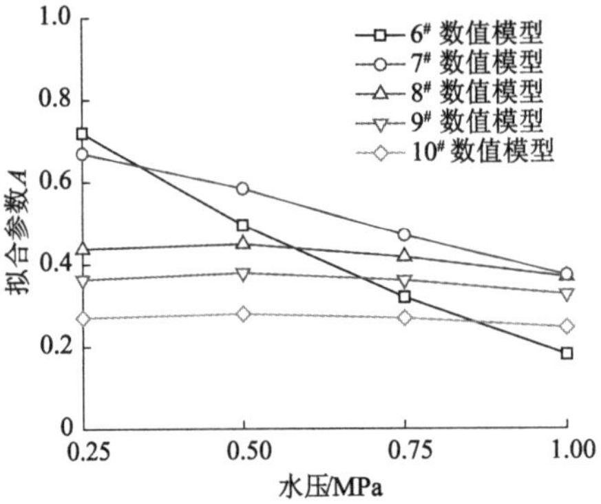

(a) 拟合参数A

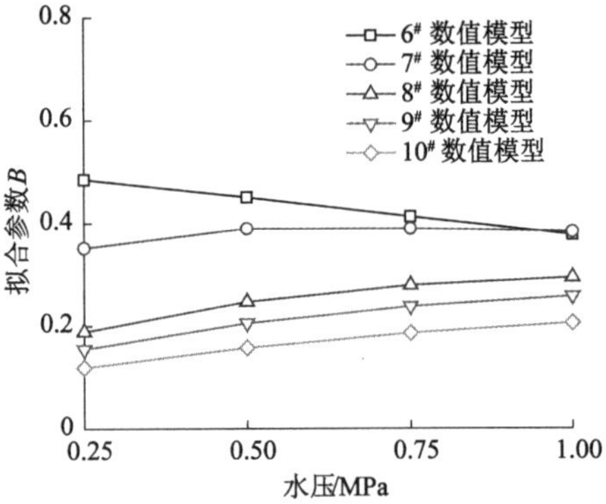

(b) 拟合参数B

图 5-14　6# ～10# 数值模型双曲线拟合参数的变化曲线

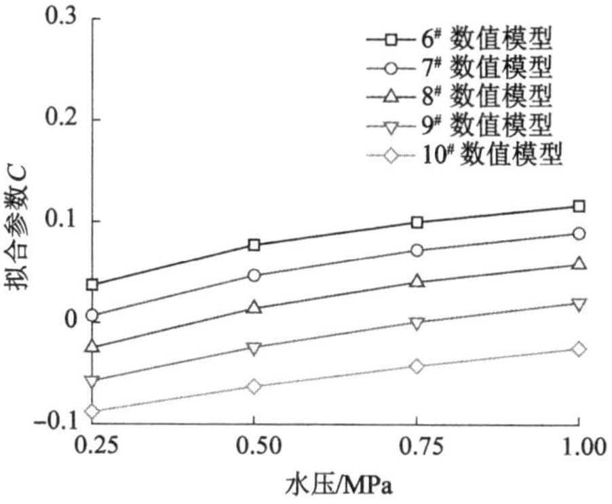

(c) 拟合参数C

图 5-14 (续)

(2) 随着水压的增大，拟合参数 A 和拟合参数 B 存在相似的变化规律。6# 数值模型～10# 数值模型，拟合参数 A 总体上呈现出随水压增大而减小的趋势；拟合参数 B 除 6# 数值模型呈现出随水压增大而减小的趋势，其余均呈现出了增大的趋势。

(3) 与 5.1.2 小节相同，拟合参数 A 和拟合参数 B 的变化趋势呈现出一定的相关性。

6# ～10# 数值模型不同水压下双曲线拟合参数随陷落柱和影响带渗透率比的变化曲线如图 5-15 所示。由图 5-15 可知：

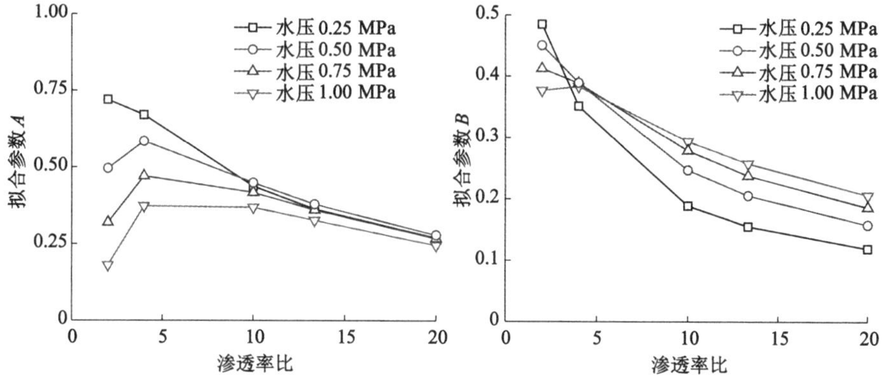

(a) 拟合参数A　　(b) 拟合参数B

图 5-15　6# ～10# 数值模型不同水压下双曲线拟合参数随模型渗透率比的变化曲线

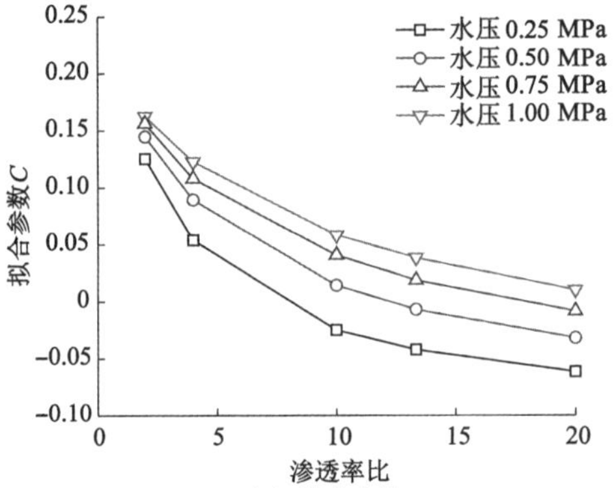

(c) 拟合参数C

图 5-15 (续)

(1) 拟合参数 C 随着数值模型中陷落柱和影响带渗透率比的增大而减小,并且减小的趋势也逐渐减缓,即拟合参数 C 趋近于一个稳定值。

(2) 拟合参数 A 和 B 在数值模型中陷落柱和影响带渗透率比为 4 时出现拐点。拟合参数 A 在渗透率比小于 4 时随着渗透率比的增大呈现出了增大趋势,而当渗透率比大于 4 时呈现出了减小的趋势;在渗透率比为 4 附近不同水压水平的拟合参数 B 出现了交叉点,并且水压为1.00 MPa时,拟合参数 B 在渗透率比为 4 前后出现了先增大后减小的变化规律。

5.1.4 底板隐伏陷落柱渗流模型的对比分析

第 4 章陷落柱模型试验和上述陷落柱渗流数值模型分析都符合双曲线方程[式(4-5)],在式(4-5)中,拟合参数 A 只控制双曲线的沿 y 方向的平移,而在计算前已经对孔隙水压进行归一化处理,因此拟合参数 A 对孔隙水压随渗流距离的衰减影响较小。双曲线的衰减主要是受拟合参数 B 和 C 的影响,因此本节主要对陷落柱模型和陷落柱渗流数值模型的拟合参数 B 和 C 进行对比分析,确定陷落柱渗流突变模型的计算参数。

由 5.1.2 和 5.1.3 小节的分析可知,随着水压的增大,拟合参数 B 和 C 均趋向于某固定值,因此对 1 MPa 水压水平孔隙水压随渗流距离的衰减规律分析最有利于找到合理的数值计算参数。

各模型的拟合参数 B 和 C 如表 5-4 所列。由表 5-4 可知,数值模型

的拟合参数 B 均远大于陷落柱试验模型。而由第 2～4 章可知，填隙物固结重塑后的样品渗透处于 10^{-14} m^2 数量级，而破碎岩体试样的渗透率处于 10^{-13} m^2 数量级，陷落柱模型的渗透率处于 10^{-12} m^2 数量级，因此可以判断陷落柱和其影响带渗透率比应该在 10 倍关系左右。数值计算中设置渗透率比为 4～20(6# ～10# 数值模型)，其计算结果的拟合参数 B 远大于陷落柱模型试验，无法通过渗透率比的变化实现拟合参数 B 的拟合，因此可以通过渗透率大小(1# ～5# 数值模型)实现拟合参数 B 的拟合。

表 5-4　各模型的拟合参数 *B* 和 *C*

模型	拟合参数 B	拟合参数 C
1# 模型	0.072 3	0.014 5
2# 模型	0.072 3	0.026 4
4# 模型	0.073 8	0.023 6
1# 数值模型	0.347 0	0.116 5
2# 数值模型	0.325 8	0.089 6
3# 数值模型	0.293 7	0.058 5
4# 数值模型	0.244 8	0.020 5
5# 数值模型	0.179 4	−0.024 0
6# 数值模型	0.376 9	0.162 6
7# 数值模型	0.383 3	0.122 8
8# 数值模型	0.293 7	0.058 5
9# 数值模型	0.257 5	0.038 2
10# 数值模型	0.206 0	0.009 8

拟合参数 B 的对比分析如图 5-16 所示，其中图 5-16(a)为数值计算结果中拟合参数 B 随渗透率大小的变化规律，符合二次多项式的变化趋势，其拟合结果为 $y=-0.001\,2x^2+0.040\,7x+0.006\,5$；模型试验的拟合参数 B 处于 0.072 3～0.073 8，对应的数值计算渗透率为 1.703×10^{-11}～1.743×10^{-11} m^2，如图 5-16(b)所示。因此，通过对比分析确定陷落柱的渗透率为 1.703×10^{-11}～1.743×10^{-11} m^2。

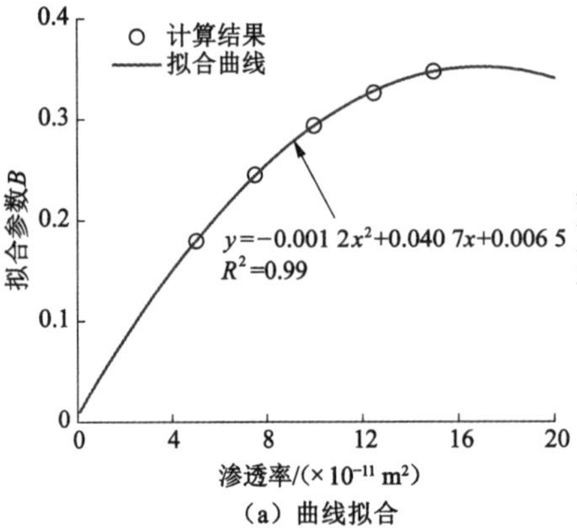

图 5-16 拟合参数 B 的对比分析

拟合参数 C 的对比分析如图 5-17 所示，其中图 5-17(a)为拟合参数 C 随陷落柱和影响带渗透率比的变化规律，由于变化趋势趋向于固定值，采用指数函数拟合，拟合结果为 $y=0.238\ 5e^{-0.152x}$，拟合结果良好。由于陷落柱模型试验的测试结果拟合参数 C 的变化范围为 0.014 5～0.023 6，因此陷落柱数值模拟中陷落柱和影响带的比例关系应该处于 14.4～18.4，如图 5-17(b)所示。

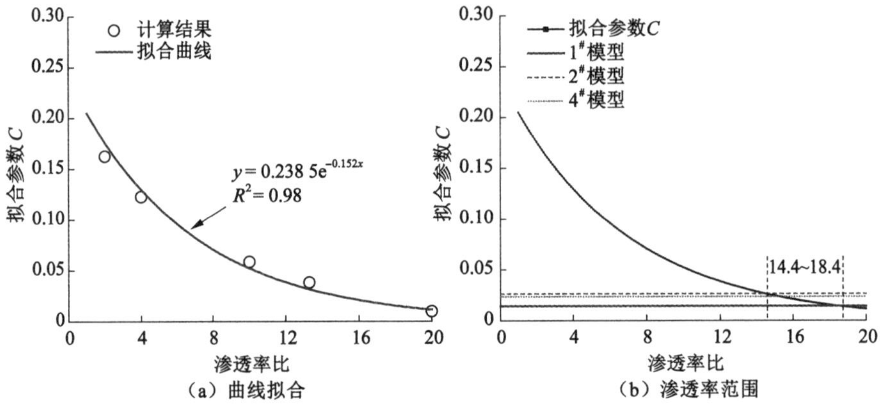

图 5-17 拟合参数 C 的对比分析

5.2 陷落柱渗流突变机理研究

在流体长期作用下，岩体的物理、力学和渗流特性会逐渐发生变化[217]，煤系岩层在流体的长期作用下产生的物理、力学和渗流变化会对陷落柱渗流突变具有很大影响。同时，在煤层采动过程中，煤系岩层的应力场会发生剧烈的变化，这些变化也会对煤层岩层的渗流特性产生很大的影响。而通常在 FLAC3D 中仅考虑孔隙水压力对应力场的影响，而无法考虑流体长期作用和煤层开采等因素[218-220]对岩体渗流特性的影响。

陷落柱渗流突变机理数值模拟流程如图 5-18 所示，首先对初始应力场和初始渗流场进行求解。在应力场和渗流场平衡后开挖煤层并进行流固耦合分析，流固耦合分析流程如图 5-19 所示：首先对开挖后的应力场进行求解，分析应力场对渗流场的影响，然后进行流固耦合分析，包括水压对渗流场的影响和应力场对渗流场的影响，直至满足计算平衡条件。最后判断是否继续开挖，若继续开挖煤层则重复进行流固耦合分析，否则计算结束。

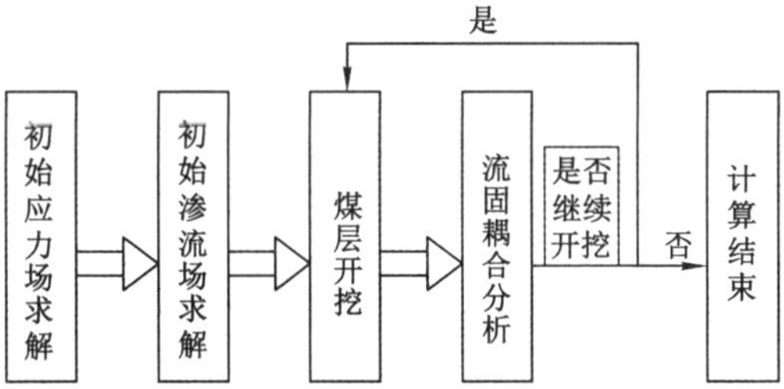

图 5-18　陷落柱渗流突变机理数值模拟流程

当然，与 FLAC3D 本身的计算方法相同的是，这种考虑水压和岩体劣化的渗流应力耦合分析方法的计算精度同样与模型体网格的大小有关，数值模型的计算结果与网格密度有关，网格越密，则数值计算结果越精确，但代价是数值计算的时间也就越长。因此，在模型建立时需要综合考虑数值计算时间和计算精度。

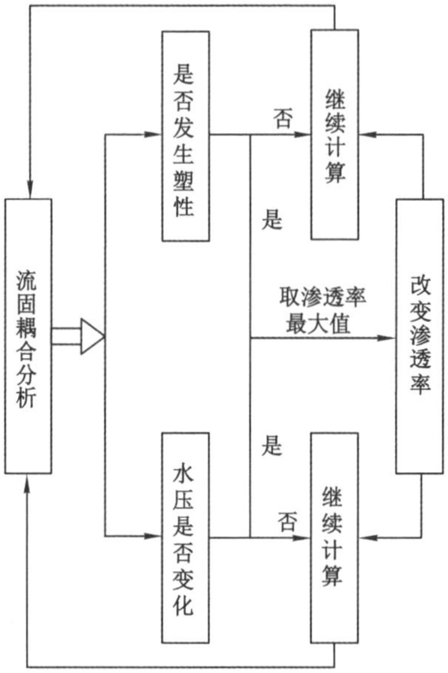

图 5-19　流固耦合分析流程

数值计算模型如图 5-20 所示，模型长度为 250 m、宽度为 50 m、高度为 160 m，分别由陷落柱、影响带、含水层、石灰岩、砂岩、煤层底板、煤层、直接顶和基本顶组成。根据重力，在模型中施加分级垂向荷载，除模型顶部外的其他面加面法线方向约束。为了去除边界效应的影响，煤层开挖从模型 50 m 处开始，共开挖 10 步，每步 15 m。

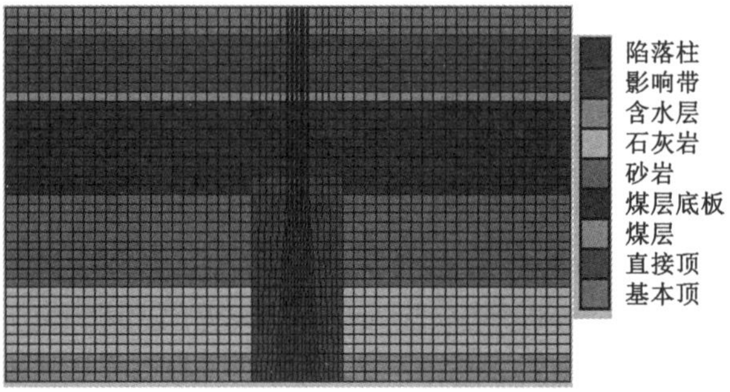

图 5-20　数值计算模型

5.2.1 采动影响下陷落柱渗流突变机理

以陷落柱顶部距离煤层 40 m,含水层 5 MPa 为例对陷落柱渗流突变机理进行说明。陷落柱顶部孔隙水压随时间的变化曲线如图 5-21 所示,由图可知,在含水层水压作用下,水压逐渐向陷落柱顶部传递,陷落柱顶部水压逐渐增大到约 1.9 MPa。在采动影响下,陷落柱顶部岩体发生破坏,渗透率逐渐降低,同时陷落柱内部进一步发生破坏,渗透率也随之降低,陷落柱顶部水压迅速增大到约 4.3 MPa。此时,陷落柱底部 40 m 厚的岩层即使全部为完整岩体也难以避免工作面发生突水,在采动影响下,底板的有效隔水层厚度应该仅为 5～15 m,因此可以判断在陷落柱顶部水压达到 4.5 MPa 时必然发生突水事故。

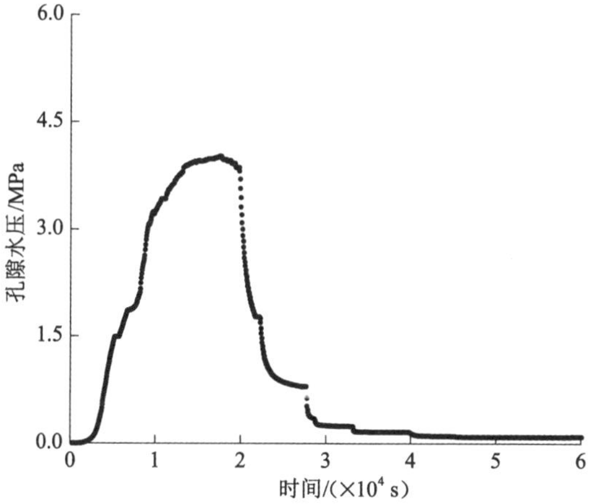

图 5-21 陷落柱顶部孔隙水压随时间的变化曲线

采动影响下陷落柱内及其顶部孔隙水压变化规律如图 5-22 所示,由图可见在采动未波及陷落柱(开采 15 m)时,陷落柱内部孔隙水压随着距含水层的距离增大而衰减的速度较慢,陷落柱顶部孔隙水压随距含水层的距离增大而迅速衰减。但随着开采逐渐波及陷落柱(开采 30 m 和 45 m),煤层底板发生破坏,渗透率逐渐增大,陷落柱内部孔隙水压分布规律基本保持不变,而陷落柱顶部孔隙水压衰减速率减慢,即煤层底板水压逐渐增大,此时工作面涌水量应该逐渐增大。若煤层进一步开采(开采

60～150 m)，则陷落柱内部及其顶部水压迅速降低，这表明工作面已经大量出水，出现了泄压现象。

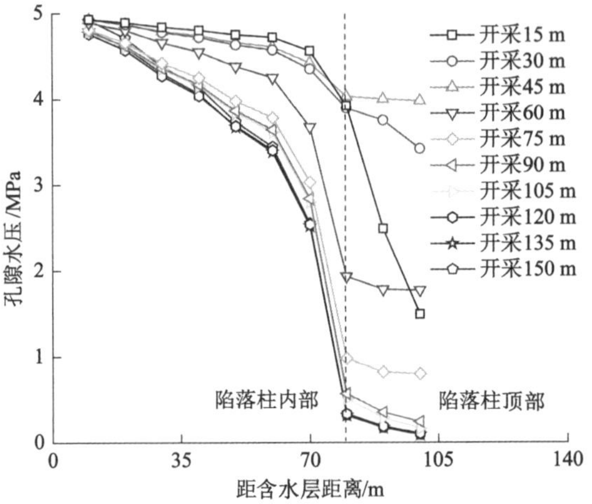

图 5-22　采动影响下陷落柱内部及其顶部孔隙水压变化规律

采动影响下孔隙水压的变化规律如图 5-23 所示，图 5-23 中含水层水压为 5 MPa，煤层距离含水层 40 m。由图 5-23(a)可知，在煤层开采 15 m

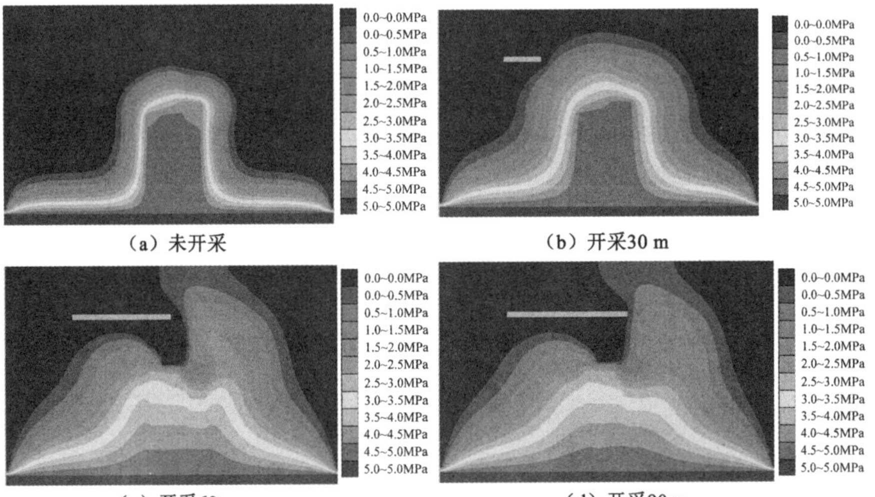

图 5-23　采动影响下孔隙水压的变化规律

时应力场未波及渗流场,煤层周边的孔隙水压为0;当煤层开采30 m时[图5-23(b)],应力场已经对渗流场产生明显影响,实际已经发生渗流突变,煤层周边出现了泄压现象,但陷落柱及其影响区的孔隙水压分布未发生明显变化;假设进行进一步开采,当煤层开采60 m[图5-23(c)],陷落柱影响区内的孔隙水压分布已经发生了明显变化,实际可能已经发生大型突水事故。

5.2.2 含水层水压对渗流突变的影响

含水层水压对陷落柱渗流的影响计算模型如图5-20所示,陷落柱顶部距离煤层底板40 m,含水层水压分别为2 MPa、3 MPa、4 MPa、5 MPa、6 MPa。

采动影响下含水层水压对煤层底板孔隙水压分布影响的规律如图5-24所示。以图5-24(a)为例对采动影响下煤层底板的孔隙水压分布规律进行说明:

(1) 陷落柱对煤层底板的孔隙水压有显著影响。孔隙水压随距切眼距离的曲线均表现为“几”字形,而“几”字形的顶部位于陷落柱影响区内,即图5-22(a)中在开采前后孔隙水压的最大值均出现在陷落柱影响区内,在陷落柱影响区两端孔隙水压逐渐下降。

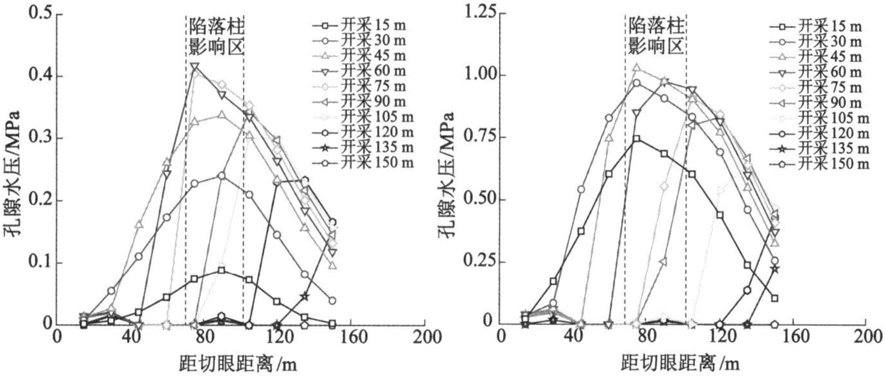

(a) 2 MPa　　(b) 3 MPa

图5-24 采动影响下含水层水压对煤层底板孔隙水压分布影响的规律

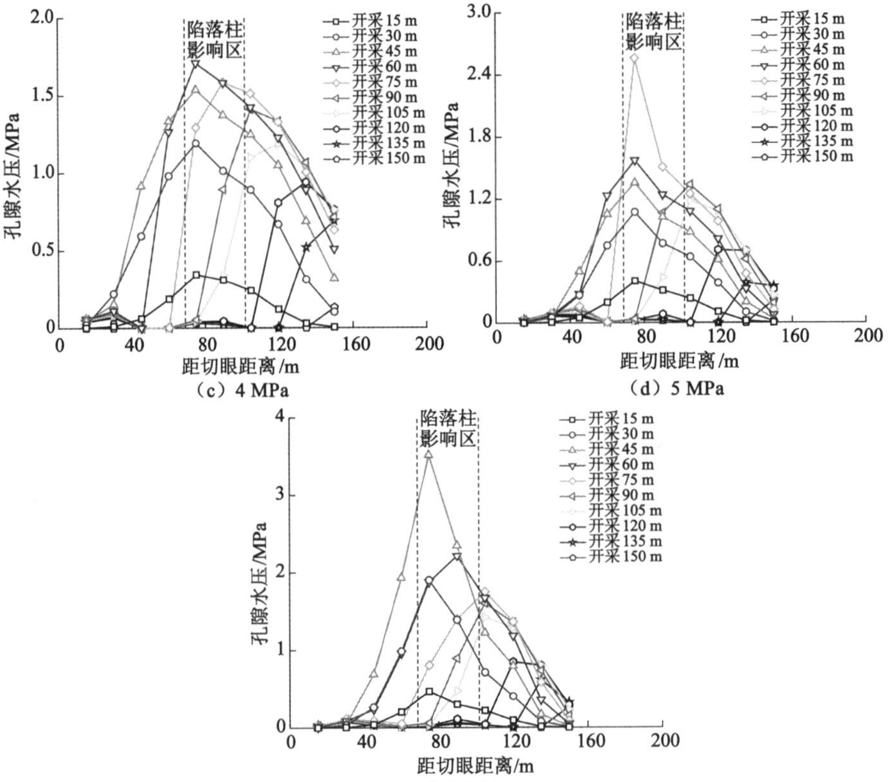

（c）4 MPa　（d）5 MPa

（e）6 MPa

图 5-24 （续）

(2) 孔隙水压呈现出先增大后减小的趋势。距离采动位置较远区域的孔隙水压随着煤层采动逐渐增大，当该区域成为采动区域后则出现泄压现象，孔隙水压在采动后迅速降低，其原因是采动后煤层中出现采空区，形成了孔隙水的排泄通道，孔隙水压无法继续保持而逐渐减小。

采动影响下底板最大孔隙水压随含水层水压的变化曲线如图 5-25 所示，由图可见随着含水层水压的增大，最大孔隙水压值逐渐增大，含水层水压从 2 MPa 增大至 6 MPa，底板最大孔隙水压从 0.42 MPa 增大至 3.50 MPa。同时，随着煤层的推进，在相同的推进距离下，底板的最大孔隙水压也随含水层水压的增大而增大，并且底板孔隙水压在达到最大值后均出现了泄压现象。

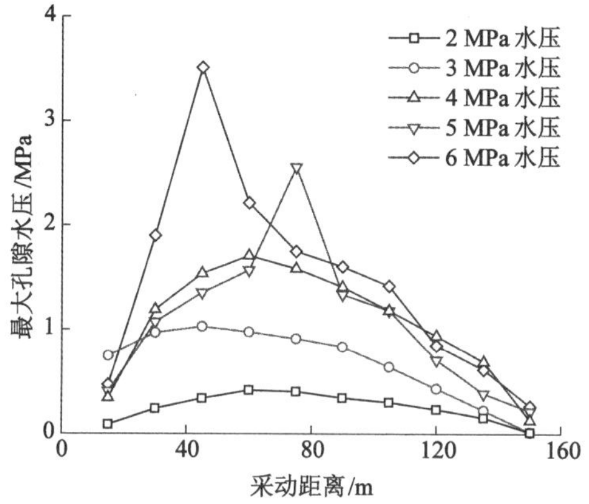

图 5-25 采动影响下底板最大孔隙水压随含水层水压的变化曲线

5.2.3 底板厚度对渗流突变的影响

采动影响下底板厚度对煤层底板孔隙水压分布的影响规律如图 5-26 所示，陷落柱顶部距离煤层底板分别为 28 m、40 m、52 m、64 m 和 76 m，含水层水压均为 4 MPa。

在采动影响下煤层底板孔隙水压分布规律与图 5-24 存在不同，以图 5-26(d)为例进行说明。孔隙水压随距切眼的距离均表现为“几”字形，但“几”字形的最高点不一定位于陷落柱影响区内，部分最高点位于陷落柱及其影响区的后方，并且在整个采动过程中孔隙水压的最大值也出现在陷落柱后方。这表明如果发生陷落柱突水，那么随着底板厚度的增大，会逐渐出现滞后突出的现象，这与开滦范各庄和乌海骆驼山等煤矿的陷落柱突水现象一致。

采动影响下底板最大孔隙水压随底板厚度的变化曲线如图 5-27 所示，由图可知：

(1) 最大孔隙水压力值随着底板厚度的增大逐渐减小，底板厚度从 28 m增大至 76 m，底板最大孔隙水压从 2.23 MPa 减小至 0.52 MPa。同时，随着煤层的推进，在相同的推进距离底板的最大孔隙水压也随底板厚度的增大而减小，同样在底板孔隙水压达到最大值后均出现了泄压现象。

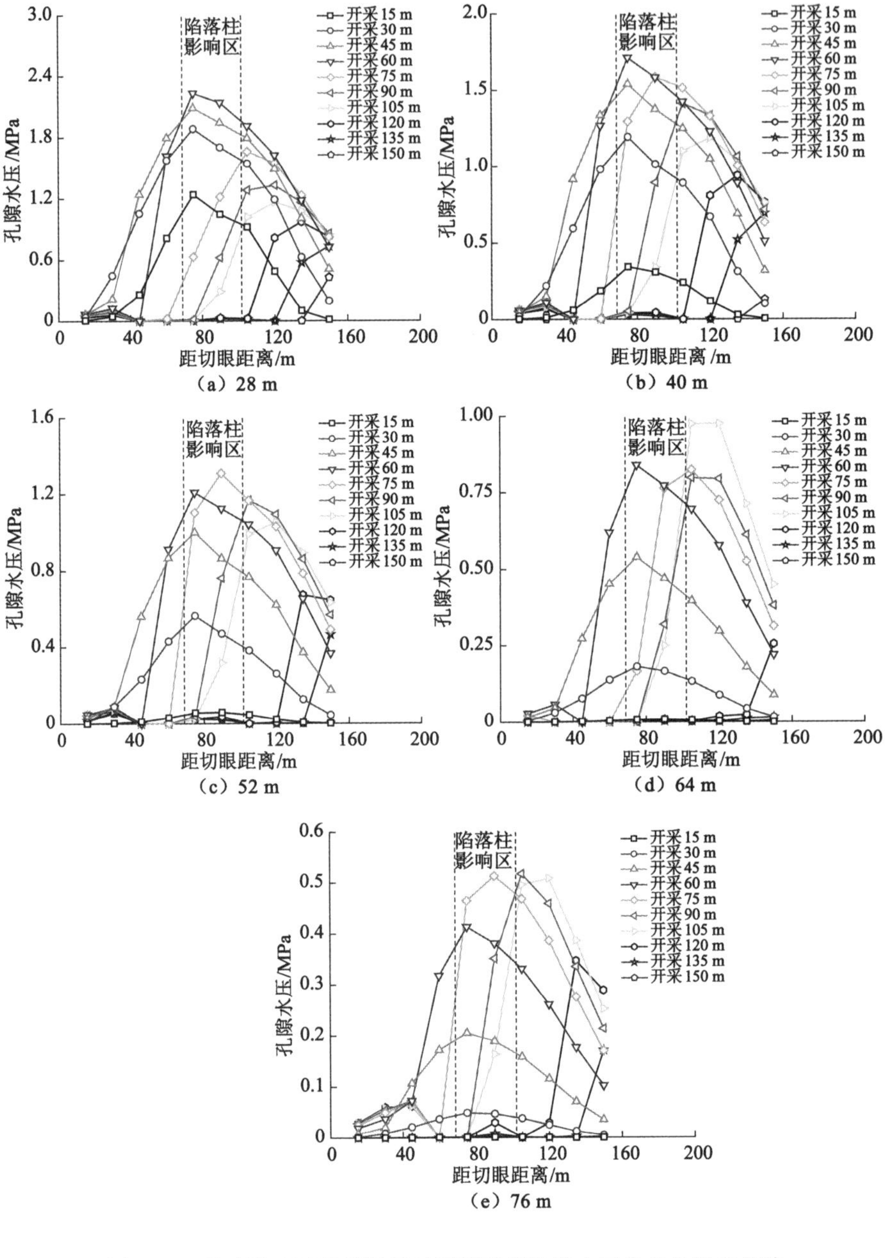

图 5-26　采动影响下底板厚度对煤层底板孔隙水压分布的影响规律

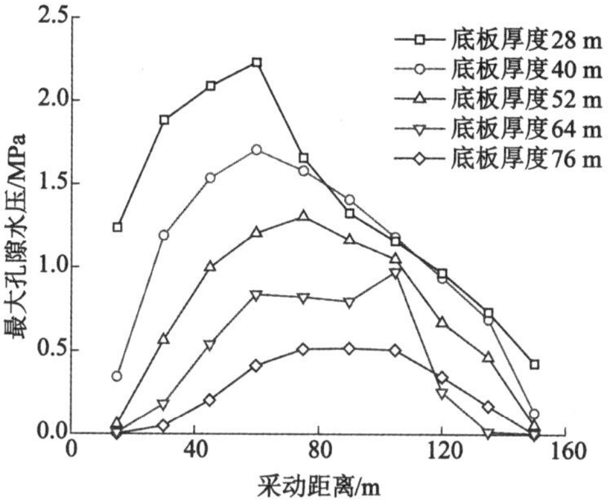

图 5-27 采动影响下底板最大孔隙水压随底板厚度的变化曲线

(2) 采动影响下底板最大孔隙水压随底板厚度的增大而滞后出现。当底板厚度为 28 m 和 40 m 时，底板最大孔隙水压出现在采动 60 m 时；当底板厚度增大至 52 m 时，底板采动至 75 m 出现底板最大孔隙水压，即当底板厚度小于 52 m，底板的最大孔隙水压位于陷落柱影响的上方。但当底板厚度增大至 64 m 和 76 m 时，底板最大孔隙水压出现在采动 90 m 时，即当煤层采过陷落柱影响区顶部后出现最大水压，即使发生突水也存在明显的滞后性。

5.3 本章小结

(1) 在模型试验的基础上，基于有限差分法数值计算软件，通过孔隙水压-扩散距离双曲线的变化规律对陷落柱及其影响带的数值计算(渗流)参数进行研究，分析了陷落柱和其影响区的渗透率大小和渗透率比例对陷落柱数值模型渗流特性的影响规律，通过与模型试验的孔隙水压-扩散距离双曲线的变化规律进行对比，确定了陷落柱渗流突变模型的计算参数。

(2) 在考虑孔隙水压和应力场对岩体渗透率影响规律的基础上，基于有限差分法数值计算软件建立陷落柱渗流突变模型，研究了采动影响下陷落柱的渗流突变机理，分析了含水层水压和底板厚度对底板隐伏陷落柱渗流突变的影响规律。

6 结论与展望

本书以我国华北地区特有的地质构造陷落柱为研究对象，采用室内试验、理论分析和数值模拟相结合的方法，对陷落柱填隙物、破碎岩体和底板隐伏陷落柱的渗流特性进行研究，从而揭示了采动影响下陷落柱渗流演化机理，分析了陷落柱水害突发性和滞后性产生的原因，并在考虑孔隙水压和应力场对岩体渗透率影响规律的基础上，基于有限差分计算软件，建立了陷落柱渗流突变模型，研究了采动影响下陷落柱的渗流突变机理，分析了含水层水压和底板厚度对底板隐伏陷落柱渗流突变的影响规律。

6.1 主要结论与创新点

本书在前人研究的基础上，采用室内试验和数值模拟相结合的研究方法，对采动影响下陷落柱的渗流演化机理进行研究，主要得出了以下几点有益的结论：

(1) 通过土工试验固结方法制备了陷落柱填隙物样品并测试了其固结状态的渗流特性。根据陷落柱填隙物全应力-应变过程渗透率的变化曲线将其划分为压密段、破坏段和蠕变段，全应力-应变过程中渗透率呈现出减小—增大—减小的变化规律。填隙物的全应力-应变过程的渗透率峰值随围压的增加而减小，其渗透率峰值比与围压差存在指数函数关系。

(2) 通过 MTS815 渗流试验系统对陷落柱填隙物固结重塑样品的渗流特性进行研究，提出填隙物渗流规律变化的本质是其孔隙度的变化。陷落柱填隙物的渗透率随着固结压力的增大和初始含水率的减小而减小，而填隙物孔隙度与渗透率随固结压力和初始含水率的变化呈现出相同的变化趋势，并且填隙物的渗透率比值和孔隙度比值存在幂函数关系。

(3) 通过陷落柱破碎岩体试验研究了陷落柱突水的突发性。分析了有侧限轴压、渗流边界和颗粒流失质量对陷落柱破碎岩体渗流突变的影响规律，研究了渗流突变与颗粒流失质量之间的关系，提出大颗粒流失导致骨架内部产生结构失稳是发生渗流突变现象的根本原因，只有部分小颗粒流失时不会改变试样的渗流状态。

(4) 通过陷落柱破碎岩体试验研究了陷落柱突水的滞后性。基于采动影响下应力场的分布特征，研究了应力释放后破碎岩体分形维数和渗透率的变化规律：渗透率随分形维数的增大而减小。并提出陷落柱突水的滞后性是由于采动影响下破碎岩体的压实作用、二次破坏造成的渗透率减小和颗粒运移形成的渗流衰减等因素共同引起的。

(5) 自行研制及应用了陷落柱渗流模型的物理试验系统和材料。研制了陷落柱渗流模型的物理试验系统，包括渗流模型箱、注射加压系统、水压和流速采集系统等，配制了可进行渗透性调节的流固耦合试验相似材料，为揭示采动影响下陷落柱渗流演化机理提供了新的试验设备、试验材料及相关方法。

(6) 通过陷落柱破碎岩体和模型试验结果的非达西流分析，证明了非达西流 β 因子为负是渗流突变发生的充分必要条件。对不同渗透性的底板隐伏陷落柱模型进行了渗流模拟试验，获得了孔隙水压随水压的变化规律：孔隙水压随着扩散距离的增大而逐渐减小，均服从双曲线衰减规律。结合陷落柱破碎岩体的试验结果并基于非达西流计算方法，分析了水压和流速的变化规律与渗流突变间的关系，证明了非达西流 β 因子是渗流突变发生的充分必要条件。

(7) 基于有限差分法数值计算软件，对比模型试验结果确定了陷落柱渗流突变模型的计算参数。在模型试验的基础上，通过孔隙水压-扩散距离双曲线的变化规律对陷落柱及其影响带的数值计算(渗流)参数进行研究,分析了陷落柱和其影响区的渗透率大小和渗透率比例对陷落柱数值模型渗流特性的影响规律,通过与模型试验的孔隙水压-扩散距离双曲线的变化规律进行对比,确定了陷落柱渗流突变模型的计算参数。

(8) 在陷落柱渗流突变模型的数值计算和分析的基础上,揭示了采动影响下底板隐伏陷落柱的突水机理。在考虑孔隙水压和应力场对岩体渗流率影响规律的基础上,基于有限差分法数值计算软件建立陷落柱渗流突变模型,研究了采动影响下陷落柱的渗流突变机理,分析了含水层水压和底板厚度对底板隐伏陷落柱渗流突变的影响规律,揭示了采动影响下底板隐伏陷落柱的突水机理。

总结本书研究内容,主要有以下几个创新点:

(1) 通过土工试验固结方法制备了陷落柱填隙物样品并测试了其固结状态的渗流特性。

(2) 通过陷落柱采动状态的渗透性试验研究了陷落柱突水的突发性和滞后性。

(3) 自行研制及应用了陷落柱渗流模型的物理试验系统和材料。

(4) 在考虑孔隙水压和应力场对岩体渗透率影响规律的基础上,建立了陷落柱渗流突变模型。

6.2 研究展望

随着我国华北地区煤炭开采向深部延伸,突水问题日益严重,特别是奥陶系石灰岩含水层的水害防治问题一直是矿井安全防治工作的重点,陷落柱作为天然的不良地质构造已经成为矿井水害防治领域关注的焦点。本书对采动影响下陷落柱的渗流演化规律进行研究,但还是处于初步探索阶段,存在诸多的不足之处,还有许多方面需要进一步研究和探讨:

(1) 本书主要对以隐伏形式存在的陷落柱进行研究,而在实际工作面推进过程中经常直接揭露陷落柱。尤其是煤炭开采不断向深部延伸,工作面直接揭露陷落柱的现象会更加频繁,因此,应该对工作面直接揭露陷落柱的渗流规律进行进一步研究。

(2) 在不同的水文地质条件下,陷落柱的胶结程度是不同的,本书主要将陷落柱视作破碎岩体进行研究。而实际很多陷落柱已经胶结再次成岩,其渗流特性与破碎岩体必然存在较大差异,因此,应该针对陷落柱的不同胶结特性开展进一步的研究。

(3) 随着煤层开采向深部延展,深部煤系地层应该具有高地应力、高水头、高地温等特征,因此,温度场、应力场、渗流场三场耦合作用必然将成为岩石力学领域一个热点研究问题。

参考文献

[1] 钱鸣高,许家林,缪协兴.煤矿绿色开采技术[J].中国矿业大学学报,2003,32(4):343-348.

[2] 钱鸣高,缪协兴,许家林.资源与环境协调(绿色)开采及其技术体系[J].采矿与安全工程学报,2006,23(1):1-5.

[3] 缪协兴,钱鸣高.中国煤炭绿色开采研究现状与展望[J].采矿与安全工程学报,2009,26(1):1-14.

[4] 白海波,缪协兴.水资源保护性采煤的研究进展与面临的问题[J].采矿与安全工程学报,2009,26(3):253-262.

[5] TANG J H,BAI H B,YAO B H,et al. Theoretical analysis on water-inrush mechanism of concealed collapse Pillars in floor[J]. Mining science and technology (China),2011,21(1):57-60.

[6] 赵铁锤.全国煤矿典型水害案例与防治技术[M].徐州:中国矿业大学出版社,2007.

[7] 李连崇,唐春安,左宇军,等.煤层底板下隐伏陷落柱的滞后突水机理[J].煤炭学报,2009,34(9):1212-1216.

[8] 苏昶元.对岩溶陷落柱发育规律的探索[J].西山科技,1996(19):25-27.

[9] 李振华,徐高明,李见波.我国陷落柱突水问题的研究现状与展望[J].中国矿业,2009,18(4):107-109.

[10] 许进鹏，梁开武，徐新启．陷落柱形成的力学机理及数值模拟研究[J]．采矿与安全工程学报，2008，25(1)：82-86.

[11] 宋晓梅，张永泰，李全淮．北煤田奥陶系灰岩岩溶类型及陷落柱成因分析[J]．淮南矿业学院学报，1997，17(3)：6-10.

[12] 钱学博．石膏喀斯特陷落柱的形成及其水文地质意义[J]．中国溶岩，1988，7(4)：14-17.

[13] 侯恩科，夏玉成，樊怀仁，等．矿井陷落柱的成因分析及其预测[J]．西北地质，1994，15(2)：18-22.

[14] 陈尚平．河北峰峰地区岩溶陷落柱成因探讨[J]．中国岩溶，1993，12(3)：233-244.

[15] 尹尚先，连会青，刘德民，等．华北型煤田岩溶陷落柱研究 70 年：成因·机理·防治[J]．煤炭科学技术，2019，47(11)：1-29.

[16] 王锐．论华北地区岩溶陷落柱的成因[J]．水文地质与工程地质，1982，9(1)：37-41.

[17] 余祖琪．古岩溶柱状陷落柱特征及预测方法[J]．煤田地质与勘探，1990，18(2)：42-45.

[18] 赵建军，陈耀杰．岩溶陷落柱垮塌发育过程的力学机理研究[J]．能源技术与管理，2014，39(6)：20-22.

[19] 尹尚先，吴文金，李永军，等．华北煤田岩溶陷落柱及其突水研究[M]．北京：煤炭工业出版社，2008.

[20] 李永军，彭苏萍．华北煤田岩溶陷落柱分类及其特征[J]．煤田地质与勘探，2006，4：53-57.

[21] 姚邦华．破碎岩体变质量流固耦合动力学理论及应用研究[D]．徐州：中国矿业大学，2012.

[22] 王路珍，陈占清，孔海陵，等．渗透压力和初始孔隙度对破碎泥岩变质量渗流影响的试验研究[J]．采矿与安全工程学报，2014，31(3)：462-468.

[23] 孟庆彬．极弱胶结岩体结构与力学特性及本构模型研究[D]．徐州：中国矿业大学，2014.

[24] 周葆春，孔令伟，郭爱国．石灰改良膨胀土的应力-应变-强度特征与

本构描述[J]. 岩土力学,2012(4):999-1005.

[25] 李元海,林志斌,靖洪文,等. 含动态裂隙岩体的高精度数字散斑相关量测方法[J]. 岩土工程学报,2012,34(6):1060-1068.

[26] 李世平,李玉寿,吴振业. 岩石全应力-应变过程对应的渗透率-应变方程[J]. 岩土工程学报,1995,17(2):13-19.

[27] 姜振泉,季梁军. 岩石全应力-应变过程渗透性试验研究[J]. 岩土工程学报,2001,23(2):153-156.

[28] 刘再斌,靳德武,朱开鹏. 岩石强度围压水压耦合效应试验研究[J]. 矿业安全与环保,2013(6):4-8.

[29] 孙亚楠,张培森,颜伟,等. 采空区破碎砂岩承压变形特性试验研究[J]. 煤炭科学技术,2019,47(12):56-61.

[30] 刘先珊,王科,许明. 低渗储层砂岩渗流-应力-损伤渐裂过程的渗透特性演化研究[J]. 岩土工程学报,2018,40(9):1584-1592.

[31] 朱珍德,徐卫亚,张爱军. 脆性岩石损伤断裂机理分析与试验研究[J]. 岩石力学与工程学报,2003,22(9):1411-1416.

[32] 邢福东,朱珍德,刘汉龙,等. 高围压高水压作用下脆性岩石强度变形特性试验研究[J]. 河海大学学报(自然科学版),2004,32(2):184-187.

[33] 陈振振,阮怀宁,顾康辉,等. 深埋高围压高水压下低渗透岩石的渗透特性[J]. 科学技术与工程,2012,12(36):9870-9876.

[34] 许江,杨红伟,彭守建,等. 孔隙水压力-围压作用下砂岩力学特性的试验研究[J]. 岩石力学与工程学报,2010,29(8):1618-1623.

[35] 俞缙,李宏,陈旭,等. 渗透压-应力耦合作用下砂岩渗透率与变形关联性三轴试验研究[J]. 岩石力学与工程学报,2013,32(6):1203-1213.

[36] LOUIS C. Rock hydraulics in rock mechanics[M]. New York:Springer Verlag,1974.

[37] LOUIS C,MAINI Y N. Determination of in situ hydraulic parameters in jointed rock[J]. International society for rock mechanics,1970,1:235-245.

[38] LOUIS C. A study of ground flow in jointed rock and its influence on stability of rock mass[R]. London:Imperial College,1969.
[39] ZHU W,WONG T F. The transition from brittle faulting to cataclastic flow: permeability evolution[J]. Journal of geophysical research:solid earth,1997,102(B2):3027-3041.
[40] NOLTE D D,PYRAK-NOLTE L J,COOK N G W. The fractal geometry of flow paths in natural fractures in rock and the approach to percolation[J]. Pure and applied geophysics, 1989, 131(1): 111-138.
[41] NOORISHAD J. A finite element method for coupled stress and flow analysis in fractured rock mass[J]. International journal of rock mechanics and mining sciences & geomechanics,1982.
[42] NOORISHAD J, TSANG C F, WITHERSPOON P A. Coupled thermal-hydraulic-mechanical phenomena in saturated fractured porous rocks: numerical approach[J]. Journal of geophysical research:solid earth,1984,89(B12):10365-10373.
[43] BIOT M A. General theory of three-dimensional consolidation[J]. Journal of applied physics,1941,12(2):155-164.
[44] BIOT M A. General solutions of the equations of elasticity and consolidation for a porous material[J]. Journal of applied mechanics, 1956,23(1):91-96.
[45] BIOT M A. Theory of elasticity and consolidation for a porous anisotropic solid[J]. Journal of applied physics,1955,26(2):182-185.
[46] BIOT M A. Mechanics of deformation and acoustic propagation in porous media [J]. Journal of applied physics, 1962, 33(4): 1482-1498.
[47] BRACE W F,WALSH J B,FRANGOS W T. Permeability of granite under high pressure[J]. Journal of geophysical research,1968, 73(6):2225-2236.
[48] BRACE W F. Resistivity of saturated crustal rocks to 40 km based

on laboratory measurements[R]. Washington D. C. :American Geophysical Union,2013.

[49] PATSOULES M G,CRIPPS J C. An investigation of the permeability of Yorkshire chalk under differing pore water and confining pressure conditions[J]. Energy sources,1982,6(4):321-334.

[50] KRANZZ R L,FRANKEL A D,ENGELDER T,et al. The permeability of whole and jointed Barre Granite[J]. International journal of rock mechanics and mining sciences & geomechanics,1979,16(4):225-234.

[51] WALSH J B. Effect of pore pressure and confining pressure on fracture permeability[J]. International journal of rock mechanics and mining sciences & geomechanics,1981,18(5):429-435.

[52] MORDECAI M,MORRIS L H,ENG C. An investigation into the changes of permeability occurring in a sandstone when failed under triaxial stress conditions[C] //The 12th US Symposium on Rock Mechanics (USRMS),1970.

[53] PEACH C J,SPIERS C J. Influence of crystal plastic deformation on dilatancy and permeability development in synthetic salt rock [J]. Tectonophysics,1996,256(1/2/3/4):101-128.

[54] STORMONT J C,DAEMEN J J K. Laboratory study of gas permeability changes in rock salt during deformation[J]. International journal of rock mechanics and mining sciences and geomechanics, 1992,29(4):325-342.

[55] 杨延毅. 裂隙岩体非线性流变性态与裂隙损伤扩展过程关系研究[J]. 工程力学,1994(2):81-90.

[56] 王媛,徐志英,速宝玉. 复杂裂隙岩体渗流与应力弹塑性全耦合分析[J]. 岩石力学与工程学报,2000,19(2):177-181.

[57] 仵彦卿. 裂隙岩体应力与渗流关系研究[J]. 水文地质工程地质,1995(6):30-35.

[58] 盛金昌,速宝玉. 裂隙岩体渗流应力耦合研究综述[J]. 岩土力学,

1998(2):92-98.
[59] 殷黎明.深部岩体渗透张量计算分析及应力渗流耦合的试验研究[D].武汉:中国科学院武汉岩土力学研究所,2005.
[60] 田开铭.开展对低渗透介质的水文地质学研究[J].水文地质工程地质,2000,27(2):27-28.
[61] 张玉卓,张金才.裂隙岩体渗流与应力耦合的试验研究[J].岩土力学,1997(4):59-62.
[62] 沈洪俊,高海鹰,夏颂佑.应力作用下裂隙岩体渗流特性的试验研究[J].长江科学院院报,1998,15(3):35-39.
[63] 段小宁,刘继山.应力场与渗流场相互作用下裂隙岩体水流运动的数值模拟[J].大连理工大学学报,1992,32(6):712-717.
[64] 李成江.膨胀性围岩力学机制及其隧洞支护效应的数值模拟分析[D].上海:同济大学,1988.
[65] MA D,WANG J J,LI Z H. Effect of particle erosion on mining-induced water inrush hazard of Karst collapse pillar[J]. Environmental science and pollution research,2019,26(19):19719-19728.
[66] WU J Y,HAN G S,FENG M M,et al. Mass-loss effects on the flow behavior in broken argillaceous red sandstone with different particle-size distributions[J]. Comptes rendus mécanique,2019,347(6):504-523.
[67] 张天军,尚宏波,李树刚,等.三轴应力下不同粒径破碎砂岩渗透特性试验[J].岩土力学,2018,39(7):2361-2370.
[68] 李文亮,周佳庆,贺香兰,等.不同围压下破碎花岗岩非线性渗流特性试验研究[J].岩土力学,2017,38(增刊1):140-150.
[69] 周维垣.岩体力学数值计算方法的现状与展望[J].岩石力学与工程学报,1993,12(1):84-88.
[70] 杨延毅,周维垣.裂隙岩体的渗流-损伤耦合分析模型及其工程应用[J].水利学报,1991,5:19-27.
[71] KRAJCINOVIC D,FONSEKA G U. The continuous damage theory of brittle materials,part 1:general theory[J]. Journal of applied me-

chanics,1981,48(4):809-815.
[72] 徐靖南,朱维申,白世伟.压剪应力作用下多裂隙岩体的力学特性-断裂损伤演化方程及试验验证[J].岩土力学,1994(2):1-12.
[73] 刘东燕,严春风,陈彦峰.压剪应力条件下岩体裂纹扩展概率模型研究[J].岩土工程学报,1999,21(1):56-59.
[74] 车法星,黎立云,刘大安.类岩材料多裂纹体断裂破坏试验及有限元分析[J].岩石力学与工程学报,2000,19(3):295-298.
[75] 黎立云,车法星,卢晋福,等.单压下类岩材料有序多裂纹体的宏观力学性能[J].北京科技大学学报,2001,23(3):199-203.
[76] 黎立云,刘大安,史孝群,等.多裂纹类岩体的双压实验与正交各向异性本构关系[J].中国有色金属学报,2002,12(1):165-170.
[77] 黎立云,许凤光,高峰,等.岩桥贯通机理的断裂力学分析[J].岩石力学与工程学报,2005,24(23):4328-4334.
[78] 周小平,王建华,哈秋舲.压剪应力作用下断续节理岩体的破坏分析[J].岩石力学与工程学报,2003,22(9):1437-1440.
[79] GERBERICH W W. A Dugdale-Barenblatt model for an equilibrium craze[J]. International journal of fracture,1977,13(4):535-538.
[80] 周家文,徐卫亚,石崇.基于破坏准则的岩石压剪断裂判据研究[J].岩石力学与工程学报,2007,26(6):1194-1201.
[81] 张飞,雷化南.概率结构节理岩体各向异性弹性模型[J].金属矿山,1994(1):11-14.
[82] 刘元高,周维垣,陈欣,等.裂隙岩体局部化破坏分析的多重势面分岔模型[J].力学学报,2003,35(3):280-283.
[83] 秦娟,耿克勤.节理岩体的代表单元集合体模型及弹性参数预测[J].水利学报,2001(9):45-50.
[84] 牛斌,杨海天.基于均匀化方法的斜交节理岩体复合本构关系研究[J].岩土工程学报,2007,29(5):773-778.
[85] HORII H,NEMAT-NASSER S. Compression-induced microcrack growth in brittle solids:axial splitting and shear failure[J]. Journal of geophysical research:solid earth,1985,90(B4):3105-3125.

[86] LI Y P, THAM L G, WANG Y H, et al. A modified Kachanov method for analysis of solids with multiple cracks[J]. Engineering fracture mechanics, 2003, 70(9): 1115-1129.

[87] KACHANOV M. A simple technique of stress analysis in elastic solids with many cracks[J]. International journal of fracture, 1985, 28(1): R11-R19.

[88] KACHANOV M. Elastic solids with many cracks: a simple method of analysis[J]. International journal of solids and structures, 1987, 23(1): 23-43.

[89] GORBATIKH L, KACHANOV M. A simple technique for constructing the full stress and displacement fields in elastic plates with multiple cracks[J]. Engineering fracture mechanics, 2000, 66(1): 51-63.

[90] 李银平, 杨春和. 近置多裂纹相互作用的渐近分析方法[J]. 力学学报, 2005, 37(5): 600-605.

[91] QING H, YANG W. Characterization of strongly interacted multiple cracks in an infinite plate[J]. Theoretical and applied fracture mechanics, 2006, 46(3): 209-216.

[92] BASISTA M, GROSS D. A note on crack interactions under compression[J]. International journal of fracture, 2000, 102(3): 67-72.

[93] 李银平, 王元汉, 肖四喜. 岩石类材料中压剪裂纹的相互作用分析[J]. 岩石力学与工程学报, 2003, 22(4): 552-555.

[94] POSTON T, STEWART I. Catastrophe theory and its applications[M]. [s. n]: Courier Corporation, 2014.

[95] LAJTAI E Z. Brittle fracture in compression[J]. International journal of fracture, 1974, 10(4): 525-536.

[96] WONG R H C, CHAU K T, WANG P. Microcracking and grain size effect in Yuen Long marbles[J]. International journal of rock mechanics and mining sciences & geomechanics, 1996, 33(5): 479-485.

[97] WONG R H C,CHAU K T,TANG C A,et al. Analysis of crack coalescence in rock-like materials containing three flaws—part Ⅰ:experimental approach[J]. International journal of rock mechanics and mining sciences,2001,38(7):909-924.

[98] TANG C A,LIN P,WONG R H C,et al. Analysis of crack coalescence in rock-like materials containing three flaws—part Ⅱ:numerical approach[J]. International journal of rock mechanics and mining sciences,2001,38(7):925-939.

[99] 杜善义,李德怡. 裂纹稳定扩展的有限元分析[J]. 固体力学学报,1982(4):481-500.

[100] 陈宜周. 多裂纹问题积分方程方法及相关问题[J]. 力学进展,2008,38(3):358-387.

[101] 王水林,葛修润. 流形元方法在模拟裂纹扩展中的应用[J]. 岩石力学与工程学报,1997,16(5):405-410.

[102] 杨庆生,杨卫. 断裂过程的有限元模拟[J]. 计算力学学报,1997,14(4):407-412.

[103] TANG C A,KAISER P K. Numerical simulation of cumulative damage and seismic energy release during brittle rock failure—part Ⅰ:fundamentals[J]. International journal of rock mechanics and mining sciences,1998,35(2):113-121.

[104] KAISER P K,TANG C A. Numerical simulation of damage accumulation and seismic energy release during brittle rock failure—part Ⅱ:rib pillar collapse[J]. International journal of rock mechanics and mining sciences,1998,35(2):123-134.

[105] TANG C A,FU Y F,KOU S Q,et al. Numerical simulation of loading inhomogeneous rocks[J]. International journal of rock mechanics and mining sciences,1998,35(7):1001-1007.

[106] 唐春安,黄明利,张国民,等. 岩石介质中多裂纹扩展相互作用及其贯通机制的数值模拟[J]. 地震,2001,21(2):53-58.

[107] LIU D S,CHIOU D Y. A coupled IEM/FEM approach for solving

elastic problems with multiple cracks[J]. International journal of solids and structures, 2003, 40(8): 1973-1993.

[108] ROBIN P Y F. Note on effective pressure[J]. Journal of geophysical research, 1973, 78(14): 2434-2437.

[109] WALSH J B. Effect of pore pressure and confining pressure on fracture permeability[J]. International journal of rock mechanics and mining sciences and geomechanics, 1981, 18(5): 429-435.

[110] KRANZZ R L, FRANKEL A D, ENGELDER T, et al. The permeability of whole and jointed Barre Granite[J]. International journal of rock mechanics and mining sciences & geomechanics, 1979, 16(4): 225-234.

[111] GOWD T N, RUMMEL F. Effect of fluid injection on the fracture behavior of porous rock[J]. International journal of rock mechanics and mining sciences & geomechanics, 1977, 14(4): 203-208.

[112] WITHERSPOON P A, AMICK C H, GALE J E, et al. Observations of a potential size effect in experimental determination of the hydraulic properties of fractures[J]. Water resources research, 1979, 15(5): 1142-1146.

[113] SKEMPTON A W. Effective stress in soils, concrete and rocks [J]. Selected papers on soil mechanics, 1984, 1032: 4-16.

[114] HUBBERT M K, RUBEY W W. Role of fluid pressure in mechanics of overthrust faulting: i. mechanics of fluid-filled porous solids and its application to overthrust faulting[J]. Geological society of America bulletin, 1959, 70(2): 115-166.

[115] FEHSENFELD F C, DRUMMOND J W, ROYCHOWDHURY U K, et al. Intercomparison of NO_2 measurement techniques [J]. Journal of geophysical research: atmospheres, 1990, 95 (D4): 3579-3597.

[116] PIGGOTT A R, ELSWORTH D. Laboratory studies of transport within a single rock fracture[J]. Proc. international symposium on

rock joints,1990(4-6):397-404.

[117] 张有天,陈平,王镭. 有自由面渗流分析的初流量法[J]. 水利学报,1988,8(1):18-26.

[118] 殷有泉,郑顾团. 断层地震的尖角型突变模型[J]. 地球物理学报,1988,31(6):657-663.

[119] 殷有泉,杜静. 地震过程的燕尾型突变模型[J]. 地震学报,1994,16(4):416-422.

[120] LI B J,GARGA V K,DAVIES M H. Relationships for non-darcy flow in rockfill[J]. Journal of hydraulic engineering,1998,124(2):206-212.

[121] LI B J,GARGA V K. Theoretical solution for seepage flow in overtopped rockfill[J]. Journal of hydraulic engineering,1998,124(2):213-217.

[122] PRANDTL L,DEANS W M. Essentials of fluid dynamics[M]. New York:Hafner Publishing Company,1952.

[123] MARTINS R. Turbulent seepage flow through rockfill structures[J]. International water power and dam construction,1990,42(3):41-42.

[124] MARKEVICH N,CECILIO C. Through-flow analysis for rockfill dam stability evaluations[C]//Waterpower'91:A New View of Hydro Resources,Sam Francisco,1991.

[125] LEPS T M. Flow through rockfill[J]. International journal of rock mechanics and mining sciences & geomechanics,1975,12(4):67.

[126] HANSEN D,GARGA V K,TOWNSEND D R. Selection and application of a one-dimensional non-Darcy flow equation for two-dimensional flow through rockfill embankments[J]. Canadian geotechnical journal,1995,32(2):223-232.

[127] IZBASH S V,LELEEVA N M. Aspects of turbulent seepage flow in a fill[J]. Hydrotechnical Construction,1971,5(5):462-465.

[128] NAKAGAWA K,KOMADA H,KANAZAWA K. Finite element

analysis of pore pressure behavior of rockfill dam[C]//International Conference on Numerical Methods in Geomechanics,1985.

[129] HOSSEINI S M,JOY D M. Equivalent friction coefficients for non-linear flow through heterogeneous porous media[C]//Proceedings of the 25th CSCE Annual Conference,1997.

[130] MCCORQUODALE J A. Variational approach to non-darcy flow [J]. Journal of the hydraulics division,1970,96(11):2265-2278.

[131] NASSER M S,MCCORQUODALE J A. Analysis of wave action in permeable structures[J]. Canadian journal of civil engineering, 1976,3(1):98-106.

[132] VOLKER R E. Nonlinear flow in porous media by finite elements [J]. Journal of the hydraulics division,1969,95(6):2093-2114.

[133] 丁留谦,许国安. 三维非达西渗流的有限元分析[J]. 水利学报, 1990(10):49-54.

[134] LI B,JIANG Y J,KOYAMA T,et al. Experimental study of the hydro-mechanical behavior of rock joints using a parallel-plate model containing contact areas and artificial fractures[J]. International journal of rock mechanics and mining sciences,2008,45(3): 362-375.

[135] ROBERTS J J. Electrical properties of microporous rock as a function of saturation and temperature[J]. Journal of applied physics, 2002,91(3):1687-1694.

[136] 刘卫群,缪协兴. 综放开采J型通风采空区渗流场数值分析[J]. 岩石力学与工程学报,2006,25(6):1152-1158.

[137] 陈占清,缪协兴,刘卫群. 采动围岩中参变渗流系统的稳定性分析[J]. 中南大学学报:自然科学版,2004,35(1):129-132.

[138] 李顺才,陈占清,缪协兴,等. 破碎岩体中气体渗流的非线性动力学研究[J]. 岩石力学与工程学报,2007,26(7):1372-1380.

[139] 刘继山. 岩体水力学分析初探[J]. 勘察科学技术,1987,5:26-31.

[140] 刘继山. 单裂隙受正应力作用时的渗流公式[J]. 水文地质工程地

质,1987,14(2):28-32.

[141] 刘继山.岩体水力特性及其影响因素[C]//全国第三次工程地质大会论文选集(上卷),1988:290-293.

[142] 刘继山.结构面力学参数与水力参数耦合关系及其应用[J].水文地质工程地质,1988,15(2):7-12.

[143] ARANDJELOVI D. A possible way of tracing groundwater flows in Karst[J]. Geophysical prospecting,1969,17(4):404-418.

[144] RAUCH H W,WHITE W B. Lithologic controls on the development of solution porosity in carbonate aquifers[J]. Water resources research,1970,6(4):1175-1192.

[145] STRINGFIELD V T,LEGRAND H E. Effects of Karst features on circulation of water in carbonate rocks in coastal areas[J]. Journal of hydrology,1971,14(2):139-157.

[146] LEGRAND H E. Hydrological and ecological problems of karst regions:hydrological actions on limestone regions cause distinctive ecological problems[J]. Science,1973,179(4076):859-864.

[147] KILKUS K I. Karst of Northern Lithuania. Ⅰ. Surface and underground Karst forms[J]. Lietuvos TSR mokslu akademijos darbai, B serija,1977(102):139-145.

[148] KILKUS K I. Karst of Northern Lithuania. Ⅱ. Karst lakes[J]. Lietuvos TSR mokslu akademijos darbai, B serija, 1977 (103): 125-132.

[149] RAUCH H W,WHITE W B. Dissolution kinetics of carbonate rocks: Ⅰ. effects of lithology on dissolution rate[J]. Water resources research,1977,13(2):381-394.

[150] MINKO M,KIRIL A. The Karst problem in Bulgaria[J]. Bulletin of the international association of engineering geology,1982,25(1):137-138.

[151] 卢耀如,杰显义,张上林,等.中国岩溶(喀斯特)发育规律及其若干水文地质工程地质条件[J].地质学报,1973(1):121-136.

[152] 徐卫国,赵桂荣.试论岩溶矿区地面塌陷的成因及防治设想[J].化工矿山技术,1978(4):19-27.

[153] 任美锷,刘振中,王飞燕,等.中国岩溶发育规律的若干问题[J].南京大学学报(自然科学版),1979(4):95-108.

[154] ZHANG Z G. Karst types in China[J]. GeoJournal,1980,4(6):541-570.

[155] 何宇彬.岩溶水文地质结构[J].水文地质工程地质,1979(2):40-44.

[156] 梅正星.用示踪曲线分析岩溶通道的展布[J].工程勘察,1988(1):36-38.

[157] 代群力.岩溶矿区地面塌陷成因新说:共振论[J].中国煤田地质,1991,3(3):62-64.

[158] 华解明.豫西岩溶地下水赋存规律及供水勘察方法[J].中国煤田地质,1993,5(4):52-57.

[159] 黄思静,杨俊杰,张文正,等.石膏对白云岩溶解影响的实验模拟研究[J].沉积学报,1996,14(1):103-109.

[160] 张永双,曲永新,刘国林,等.华北型煤田岩溶陷落柱某些问题研究[J].工程地质学报,2000,8(1):35-39.

[161] 刘招伟,张民庆,王树仁.岩溶隧道灾变预测与处治技术[M].北京:科学出版社,2007.

[162] 刘招伟.圆梁山隧道岩溶突水机理及其防治对策[D].武汉:中国地质大学(武汉),2004.

[163] 李术才,王康,李利平,等.岩溶隧道突水灾害形成机理及发展趋势[J].力学学报,2017,49(1):22-30.

[164] 李金凯,周万芳.我国岩溶煤矿床的突水及防治[J].中国岩溶,1988,7(4):340-343.

[165] 李金凯,部廷芳.煤矿岩溶水害的治理[J].煤炭科学技术,1982(1):40-43.

[166] 缪协兴,浦海,白海波.隔水关键层原理及其在保水采煤中的应用研究[J].中国矿业大学学报,2008,37(1):1-4.

[167] 缪协兴，白海波. 华北奥陶系顶部碳酸岩层隔水特性及分布规律[J]. 煤炭学报，2011，36(2)：185-193.

[168] 白海波，杨建立，王长申. 运用奥陶系顶部灰岩隔水层安全穿越地堑研究[J]. 采矿与安全工程学报，2010，27(3)：322-329.

[169] 白海波，戎虎仁，刘树才，等. 白云乌素煤矿奥陶系顶部碳酸岩层隔水性及应用研究[J]. 采矿与安全工程学报，2012，29(5)：601-606.

[170] BAI H B，MA D，CHEN Z Q. Mechanical behavior of groundwater seepage in Karst collapse Pillars[J]. Engineering geology，2013，164：101-106.

[171] 项远杰. 陷落柱突水过程的力学模型[J]. 煤田地质与勘探，1993，21(5)：36-39.

[172] 尹尚先，王尚旭，武强. 陷落柱突水模式及理论判据[J]. 岩石力学与工程学报，2004，23(6)：964-968.

[173] 尹尚先，武强，王尚旭. 北方岩溶陷落柱的充水特征及水文地质模型[J]. 岩石力学与工程学报，2005，24(1)：77-82.

[174] 尹尚先，武强. 煤层底板陷落柱突水模拟及机理分析[J]. 岩石力学与工程学报，2004(15)：2551-2556.

[175] 许进鹏. 陷落柱活化导水机理研究[D]. 青岛：山东科技大学，2006.

[176] 许进鹏，宋扬，成云海，等. 陷落柱及其周边地应力分布研究[J]. 矿山压力与顶板管理，2005，22(4)：118-120.

[177] 胡宝林，宋晓梅. 淮北煤田深部岩溶洞穴及陷落柱形成机制[J]. 中国煤田地质，1997(2)：47-49.

[178] 张永双，曲永新，刘国林，等. 华北型煤田岩溶陷落柱某些问题研究[J]. 工程地质学报，2000，8(1)：35-39.

[179] 杨为民，司海宝，吴文金. 岩溶陷落柱导水类型及其突水风险预测[J]. 煤炭工程，2005(8)：60-63.

[180] 王连国，缪协兴. 煤柱失稳的突变学特征研究[J]. 中国矿业大学学报，2007，36(1)：7-11.

[181] 王连国，宋扬，缪协兴. 基于尖点突变模型的煤层底板突水预测研究[J]. 岩石力学与工程学报，2003，22(4)：573-577.

[182] 蒋小珍,冯涛,郑志文,等.岩溶塌陷机理研究进展[J].中国岩溶,2023,42(3):517-527.

[183] 蒋小珍,雷明堂.岩溶塌陷灾害的岩溶地下水气压力监测技术及应用[J].中国岩溶,2018,37(5):786-791.

[184] 李振华,谢晖,李见波,等.采动影响陷落柱活化导水规律试验研究[J].中南大学学报(自然科学版),2014,45(12):4377-4383.

[185] 王家臣,杨胜利.采动影响对陷落柱活化导水机理数值模拟研究[J].采矿与安全工程学报,2009,26(2):140-144.

[186] 王家臣,李见波.预测陷落柱突水灾害的物理模型及理论判据[J].北京科技大学学报,2010(10):1243-1247.

[187] 王家臣,李见波,徐高明.导水陷落柱突水模拟试验台研制及应用[J].采矿与安全工程学报,2010,27(3):305-309.

[188] 国家质量技术监督局,中华人民共和国建设部.土工试验方法标准:GB/T 50123—1999[S].北京:中国计划出版社,1999.

[189] 韩国锋,王恩志,刘晓丽.岩石峰后非达西流问题的探讨[J].岩土工程学报,2011,33(11):1792-1796.

[190] 李玉寿,马占国,贺耀龙,等.煤系地层岩石渗透特性试验研究[J].实验力学,2006,21(2):129-134.

[191] 王环玲,徐卫亚,杨圣奇.岩石变形破坏过程中渗透率演化规律的试验研究[J].岩土力学,2006,27(10):1703-1708.

[192] BEAR J. Dynamics of fluid in porous media[M]. New York: Elsevier,1975.

[193] 季小凯,郭建斌,邢同菊,等.煤系沉积岩应力-应变与应变-渗透率特征[J].煤田地质与勘探,2015,43(3):66-71.

[194] 朱珍德,张爱军,徐卫亚.脆性岩石全应力-应变过程渗流特性试验研究[J].岩土力学,2002,23(5):555-558.

[195] 杨林德,闫小波,刘成学.软岩渗透性、应变及层理关系的试验研究[J].岩石力学与工程学报,2007,26(3):473-477.

[196] 贾善坡,陈卫忠,于洪丹,等.泥岩渗流-应力耦合蠕变损伤模型研究(Ⅱ):数值仿真和参数反演[J].岩土力学,2011,32(10):

3163-3170.
[197] 孙钧.岩石流变力学及其工程应用研究的若干进展[J].岩石力学与工程学报,2007,26(6):1081-1106.
[198] 杨林德,闫小波,刘成学.软岩渗透性、应变及层理关系的试验研究[J].岩石力学与工程学报,2007,26(3):473-477.
[199] DONG J J,HSU J Y,WU W J,et al. Stress-dependence of the permeability and porosity of sandstone and shale from TCDP Hole-A[J]. International journal of rock mechanics and mining sciences,2010,47(7):1141-1157.
[200] 刘卫群,缪协兴,陈占清.破碎岩石渗透性的试验测定方法[J].实验力学,2003,18(1):56-61.
[201] 赵昱尧,曹正正,李振华,等.岩溶陷落柱破碎岩体变质量渗流演化规律的试验研究[C]//第十九届北方七省市区力学学会学术会议,2023.
[202] 高峰,谢和平,赵鹏.岩石块度分布的分形性质及细观结构效应[J].岩石力学与工程学报,1994(3):240-246.
[203] 谢和平.分形几何及其在岩土力学中的应用[J].岩土工程学报,1992(1):14-25.
[204] MANDELBROT B B. The fractal geometry of nature[M]. San Francisco:W. H. Freeman,1983.
[205] 姚邦华,茅献彪,魏建平,等.考虑颗粒迁移的陷落柱流固耦合动力学模型研究[J].中国矿业大学学报,2014,43(1):30-35.
[206] 杨天鸿,陈仕阔,朱万成,等.矿井岩体破坏突水机制及非线性渗流模型初探[J].岩石力学与工程学报,2008,27(7):1411-1416.
[207] 尹尚先,武强.煤层底板陷落柱突水模拟及机理分析[J].岩石力学与工程学报,2004,23(15):2551-2556.
[208] 王家臣,王树忠,熊崇山.五阳煤矿陷落柱发育特征及突水危险性评价[J].煤炭学报,2009,34(7):922-926.
[209] 刘志军,熊崇山.陷落柱突水机制的数值模拟研究[J].岩石力学与工程学报,2007(增刊2):4013-4018.

[210] 李振华,李见波,贺志宏.双柳煤矿陷落柱发育特征及突水危险性分析[J].采矿与安全工程学报,2014(1):84-89.

[211] 姜全乐,张勃阳,郝明.煤层底板隐伏陷落柱渗流演化模型试验研究[J].河南理工大学学报(自然科学版),2022,41(2):32-38.

[212] PAPAMICHOS E,VARDOULAKIS I. Sand erosion with a porosity diffusion law[J]. Computers and geotechnics,2005,32(1):47-58.

[213] 胡耀青,赵阳升,杨栋.三维固流耦合相似模拟理论与方法[J].辽宁工程技术大学学报(自然科学版),2007,26(2):204-206.

[214] 杜锋.破碎岩体水沙两相渗透特性试验研究[D].徐州:中国矿业大学,2013.

[215] 刘昌军,丁留谦,孙东亚,等.双层堤基管涌模型试验尺寸效应的数值模拟[J].岩石力学与工程学报,2012,31(A01):3110-3116.

[216] 苏海健.深埋节理岩体渗流演化机理及工程应用[D].徐州:中国矿业大学,2015.

[217] 张凯.脆性岩石力学模型与流固耦合机理研究[D].武汉:中国科学院研究生院(武汉岩土力学研究所),2010.

[218] OU S B,WANG L G,WANG P P,et al. Numerical analysis of seepage flow characteristic of collapse column under the influence of mining[J]. International journal of mining science and technology,2013,23(2):237-244.

[219] 姜文忠,张春梅,姜勇,等.水压致裂作用对岩石渗透率影响数值模拟[J].辽宁工程技术大学学报(自然科学版),2009,28(5):693-696.

[220] 马海峰,李传明,李家卓,等.注水压力对煤体渗透率及水压分布的影响研究[J].煤炭科学技术,2013,41(8):71-73.